從奈米到光年

有趣的度量衡簡史

李開周——著

開場白

我們的尺子為什麼不一樣？

蘇門四學士，其中之一是晁補之，做為蘇東坡的門生，此人博學多才，懂詩詞，通音律，書法和繪畫也很出彩，甚至還有一門絕活：挪樹。

俗話說：樹挪死，人挪活。人類換換環境，會有更多的見識和機遇；樹卻不行，移栽不得法，就會死掉。晁補之卻是一個擅長移栽樹木的能手，無論小小樹苗，還是參天大樹，經他之手移栽，無不鬱鬱蔥蔥。

晁補之的祕訣是什麼呢？第一，「根不可斷，雖旁出遠引，亦當盡取，切須帶土。」不能損傷樹根，刨土盡量深廣，將樹根帶土完整刨出；第二，「大木仍去其枝。」如果移栽大樹，先將樹枝砍掉，以免爭奪營養。

這兩條祕訣都相當科學，現代園藝家移栽樹木仍會這樣做。奇怪的是，在幫助別人移栽樹木時，晁補之卻失手過一次。

那是西元一〇九〇年，駙馬王詵想把京城老宅的幾棵古松移栽到西郊別墅，邀請晁補之幫忙，而晁補之不在京城，只能寫信隔空指點。晁補之在信中說，刨土應該深挖幾尺幾寸，剪枝應該剪掉幾尺幾寸。王詵遵照指示，一一照辦。結果呢？五棵古松大半死亡，只活下來一棵。

王詵是蘇東坡的好友，晁補之是蘇東坡的弟子，所以王詵是晁補之的長輩。眼見幾棵心愛的松樹經移栽而枯死，王詵既心疼又生氣，以長輩的口吻斥責晁補之，罵他亂出主意。晁補之也很慚愧，回京以後，到王詵府上謝罪。

謝罪那天，晁補之順便調查了樹的死因，發現他指點的方法並沒有錯，錯在沒有說明使用哪一種尺子進行度量。

晁補之是宋朝人，宋朝的尺子相當混亂，既有測量土地的量地尺，也有測量建築的營造尺，既有裁剪布料的裁衣尺，也有校定音律的音律尺，每一種尺子的實際長度都不一樣。晁補之所說的幾尺幾寸，是按量地尺說的；王詵讓僕人為古松刨土和剪枝時，用的卻是裁衣尺。量地尺比較長，裁衣尺比較短，所以王詵刨土不夠深，剪枝也不夠長，移栽後的松樹就很難存活。

這個故事發生在古代中國。不過，類似的故事不僅發生在古代，還會發生在今天；也不僅發生在中國大陸，還會發生在海外。

比如說，一個香港人告訴大陸人，他家的臥室有多少呎。大陸人如果將英制的平方呎理解成市制的平方尺，他算出來的面積就會比實際面積大。

再比如說，一個美國人開車進入加拿大法語區，公路限速牌標示的是公里/每小時，而美國人理解的限速卻是英里/每小時。我們知道，英里比公里長，這個看慣了英里限速標誌的美國人腦子轉不過來，錯將時速不得超過一百公里理解成時速不得超過一百英里，他就會超速行駛，倘若不被警察抓捕，就有可能釀成車禍。

尺、寸、平方呎、平方尺、英里、公里，這些都是度量衡單位，來自不同時代和不同地區的度量衡單位，並且是由不同時代和不同地區的人類發明創造出來的度量衡單位。

人類為什麼要發明度量衡？當然是為了更好地認識世界。我們身邊的所有客觀實體，甚至包括身處的這個宇宙本身，都有大小、多少、長短、遠近、輕重，而測量大小、多少、長短、遠近、輕重的工具，就是我們發明的度量衡。

度量衡伴隨人類文明誕生，並將與人類文明共進退。愈是高度發達的文明，度量衡就愈精細；愈是發展遲緩的文明，度量衡就愈簡陋。毫不誇張地說，度量衡不僅是人類認識世界的尺子，也是我們審定自身文明發展程度的尺子。但這些尺子並不一樣。

時至今日，科技空前發達，刻度空前精密，不同文明之間的度量衡空前統一。九百多年前晁補之幫人移栽樹木，由於他與別人選擇的尺子不一樣，導致移栽失敗，這種事件將會愈來愈少見。但是，我們在生活中仍然可能被來自不同時空的度量衡搞得頭大。

我們剛剛在快餐店點過七寸的披薩，又走進對面的裁縫店訂做了一條三尺二寸的褲子。同樣是寸，披薩是英寸，褲子卻是市寸。

中國大陸遊客飛到臺灣，買菜時總覺得臺灣的商家更有良心——同樣是三斤一條的魚，臺灣的魚就是比大陸的夠分量！但他未必知道的是，臺灣菜市場的斤是臺斤，大陸菜市場的斤是市斤，市斤是五百克，臺斤是六百克。

我們讀歷史書，看古裝電視劇，一樣有可能遇到困惑：諸葛亮身長八尺，秦叔寶身高丈二，古人真有那麼高嗎？皇帝賜給男主角紋銀千兩，一千兩難道不是一百斤嗎？怎麼看起來一點兒也不重的樣子？

這就是度量衡的差異，誕生自不同時空和不同文明的度量衡的差異。

為了幫您理解這些差異，本書梳理了古今中外常見度量衡的奇妙起源和演變規律，也嘗試探討了度量衡對人類政治史、經濟史、風俗史的微妙影響。

做為本書的作者，由衷感謝您翻開此書，更希望您讀完以後，收穫的不僅是「買菜不再吃虧」那麼簡單，還有可能轉變思維方式，在精神上將偌大宇宙玩弄於股掌之間：既可以跳出時空，用比光年還要寬廣億萬倍的視野俯視時空；又能將心靈遁入量子世界，用比原子空間還要細微的體察，感受知識細節的美妙。

祝您閱讀愉快。

目錄

第二章 公尺有多長？

第三章 一畝有多大？

第四章 英制，美制，保守主義

第五章 一升，一斗，二千年歷史

第六章

從斤兩到公斤

第一章

一尺有多亂？

拿破崙很矮嗎？

我們都知道，法國歷史上的軍事家、政治家、法蘭西第一帝國的皇帝、被後世譽為「戰神」的拿破崙．波拿巴(Napoléon Bonaparte)，是一個矮子。

據說，第二次反法同盟戰爭期間，為了抄近道進入義大利，拿破崙率領四萬大軍翻越了阿爾卑斯山，並豪氣沖天地宣稱，他比阿爾卑斯山還要高。

阿爾卑斯山位於歐洲中南部，平均海拔三千公尺，拿破崙當然不可能比阿爾卑斯山還高。但他當時正站在阿爾卑斯山的山頂上，所以能那樣說。就像牛頓曾經說過：「我之所以看得比別人更遠些，那是因為我站在巨人的肩膀上。」拿破崙沒有站在巨人的肩膀上，他站在了阿爾卑斯山的肩膀上。

問題是，拿破崙能比阿爾卑斯山高多少呢？應該能高出五尺二寸——這也是拿破崙的身高，而且是拿破崙活著時由他的醫生公開宣布的身高。

五尺二寸是多高呢？有的朋友可能已經掏出計算機在算了：一尺是十寸，五尺二寸是五十二寸，一寸大約三．三三公分，五十二寸大約一百七十三公分。

一百七十三公分，俗稱一米七三，這高度，不能算矮子啊！

但是且慢，人家法國醫生說的尺寸，是法國的尺寸，不是中國的尺寸。中國一尺等於十寸，一寸約等於三．三三公分，法國則是一尺等於十二寸，一寸約等於二．七公分。

現在我們按法國尺寸重算一遍：一法尺是十二法寸，五法尺二法寸是六十二法寸，一法寸大約二．七公分，六十二法寸大約一百六十七公分。

你看，拿破崙還不到一．七公尺，在歐洲白人的成年男性當中，確實有點矮。現在法國成年男性平均身高接近一．八公尺，義大利（拿破崙出生在義大利的科西嘉島）成年男性的平均身高也差不多是這個數字，北歐成年男性海拔更高，平均超過一．八公尺，假如拿破崙突然復活，行走在北歐街頭，人們會把他當作武大郎的。

▲ 法國畫家賈克．路易．大衛 (Jacques-Louis David) 作品《拿破崙翻越阿爾卑斯山》

不過，歐洲人並不是一直都長這麼高，拿破崙那個時代，法國成年男性的平均身高是五法尺四法寸，大約折合一百七十三公分，比拿破崙一百六十七公分的海拔高出六公分左右。也就是說，拿破崙算矮子，但沒有想像中那麼矮。

那為何我們現在一說起拿破崙，腦子裡就立刻跳出來一個小矮個子呢？

這主要怪英國人。

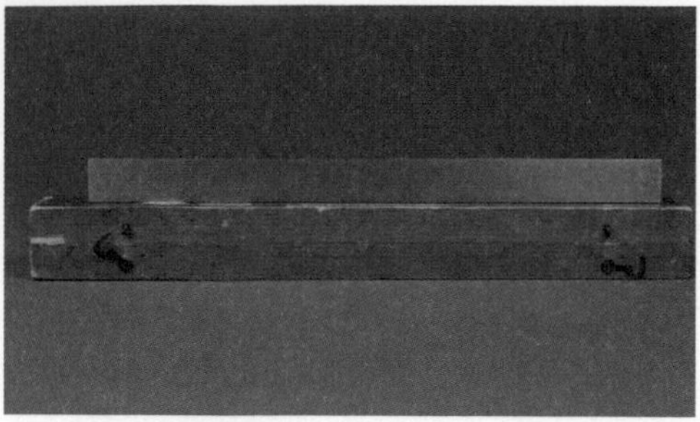

▲ 美國海岸與大地測量局一八八〇年鑄造的一根英尺標準器，細分為十二英寸

英國人是按英格蘭尺寸計算拿破崙的身高。一英尺是十二英寸，五英尺二英寸是六十二英寸，英寸比法寸還要短，一英寸大約二‧五四公分，六十二英寸大約一百五十七公分。我的天，這高度甭說在歐洲，就算在亞洲，也是典型的小矮子啊！

拿破崙身高五法尺二法寸，英國人幹嘛要按五英尺二英寸來計算呢？

有兩個可能。

第一，英國人不太了解法國的尺寸；

第二，英國人故意這樣算。只有這樣算，才能把拿破崙算得更矮一些，戰場上打不過你，就從身高上貶低你嘛！

其實在英國，還有一個和拿破崙同時代的納爾遜子爵(Horatio Nelson)，他也是個軍事天才，被英國人當成英雄。納爾遜身高五英尺五英寸，大約折合一百六十五公分，比拿破崙的真實身高一百六十七公分還要矮了兩公分呢！

諸葛亮很高嗎？

拿破崙是西方的軍事天才，諸葛亮是東方的軍事天才。

當然，我們認為諸葛亮是軍事天才，主要是受到文藝作品影響，特別是《三國演義》。《三國演義》裡的諸葛亮足智多謀，能掐會算，通天文知地理，曉奇門知遁甲，明陰陽懂八卦，還會法術，能用七星壇祭風，能用七星燈續命，如此奇幻的神人，完全違背物理定律，在這顆星球上是不可能存在的。魯迅先生就說過：「諸葛亮多智而近妖。」諸葛亮太神了，不像人類，像一個妖怪。

真實的諸葛亮不但沒有法術，而且沒有軍事特長。《三國志》對他有八個字的評價：「應變將略，非其所長。」帶兵打仗，出奇制勝，都不是諸葛亮的長項。

《三國志》還記載了諸葛亮的身高：「身高八尺。」

這裡的八尺，當然是中國尺，但絕對不是現代中國的尺。現代中國一尺大約三三．三三公分，八尺即二．六七公尺。籃球巨人姚明才多高？二．二六公尺而已，諸葛亮能比姚明還要高一大截嗎？不可能嘛！

大家千萬不要以為古人比我們高，從迄今出土的骨骸和屍體上看，古人的身高並不出奇，甚至很可能還比現代人矮一些。例如大名鼎鼎的海昏侯劉賀，身高在一．七公尺到一．七五公尺之間；另一位大名鼎鼎的馬王堆女屍辛追夫人，身高是一．五四公尺，如果考慮到縮水因素，再幫她復原一下，最高也不會超過一．六公尺。一九九四年湖北荊門市紀山鎮郭家崗出土過一具戰國女屍，復原後身高是一．六公尺。一九七九年南京市隨車鄉橋岡村出土了明代商人華偉夫婦的屍體，男屍一．六四公尺，女屍一．五二公尺。二〇〇六年北京八寶山東側出土了一具清代男屍，復原後身高一．七公尺。

生物學上有個「軀體增大定律」，即哺乳動物的軀體在漫長的進化中會慢慢變大。例如大象是由五千萬年的始祖象進化而來，始祖象則和現在的豬一樣大；馬是由四千五百萬前的始祖馬進化而來，而始祖馬就和現在的狗一樣大。人類在進化中也表現出同樣的規律：一千萬年的遠祖古猿身高不到一公尺，三百萬年那位來自非洲的「人類老祖母」露西身高剛滿一公尺，到了中國原始社會的半坡文明與河姆渡文明時代，成年男子身高已經達到一．六公尺左右了。

軀體增大定律適用於百萬年級別乃至千萬年級別的長期進化過程，而在距今五萬年的人類歷史當中，自從晚期智人——也就是解剖學意義上的現代人——開始出現以後，人類的形態特徵就已經基本定型。假如你能復活一個幾萬年前的穴居原始人，幫他洗洗澡，理理髮，穿上西裝，打上領帶，單從外表上看，恐怕看不出他和現代人有什麼區別。最多可能因為饑餓和疾病的關係，

▲ 秦國商鞅銅方升，現藏上海博物館。全長一八．七公分，寬六．九七公分，深二．三一公分，容積為二百零二毫升

▲ 從中國史前文化遺址出土的一件陶罐，高三八．一公分，腹徑三十六公分，現藏英國倫敦巴拉卡特美術館

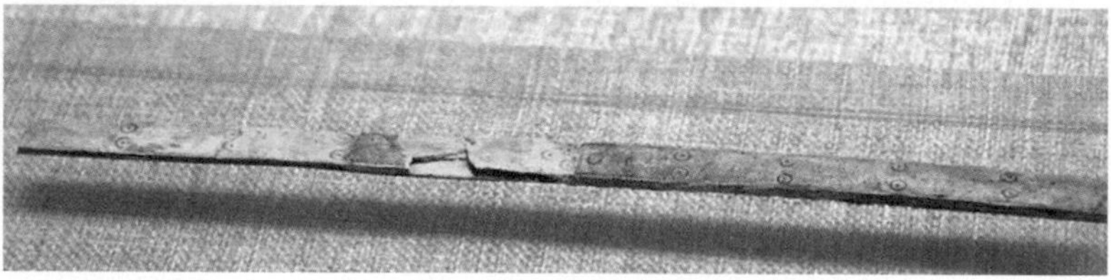

▲ 漢代骨尺，一九八一年出土於河南省洛陽市玻璃廠漢墓，現藏洛陽市博物館。長二三．二公分，寬一．三六公分。正反兩面皆線刻尺寸，全尺十等分，以圓圈表示，刻度清晰

這位原始人營養不良，發育不好，會比我們矮一點點。前文〈拿破崙很矮嗎？〉曾提到拿破崙時代的歐洲人比現代人稍矮，也是因為疾病和營養的緣故，並不表示人類在最近一個歷史時期裡突然進化出了長得更高的基因。

OK，我們回來繼續說諸葛亮的身高。

諸葛亮生活在漢魏時期，那個時代的尺要比現在的尺短得多。

現在上海博物館藏有一件戰國時代的容器，名曰「秦國商鞅銅方升」，是西元前三四四年商鞅統一秦國度量衡時督造的標準量器，既能度量當時的容量，也能度量當時的長度。銘文上顯示，這件量器深一寸，寬三寸，長五．四寸。用公分尺量它的長寬和深度，再稍作換算，可知當時一寸長二．三一公分。十寸為一尺，故此一尺長約二三．一公分。

秦始皇統一六國後，繼續統一度量衡，但他沒有改變商鞅標定的尺度，秦朝一尺的標準長度仍然是二十三公分多一點。

漢朝繼承了秦朝的度量衡，一尺還是二十三公分多一點，這個尺度一直沿用到三國時期都沒有大的變化。一九七二年甘肅省嘉峪關市新城二號墓出土三國時期的魏國骨尺，長二三．八公分；一九六四年江西省南昌市纙子口一號墓出土三國時期的吳國骨尺，長

二三．五公分。假如按照漢朝一尺二十三公分掛零[1]的標準，八尺大約一百八十五公分；假如按照三國時期的魏國骨尺，八尺大約一百九十公分；假如按照三國時期的吳國骨尺，八尺大約一百八十八公分。

我們不知道諸葛亮的身高是按哪種尺去量的，綜合漢尺和三國尺來估算，他的真實身高應該在一．八公尺到一．九公尺之間。

所以，諸葛亮確實是高個子，但肯定不是姚明那樣的高個子。

1. 掛零意為以十、百、千、萬為計數外，尚有零數。

一丈高的丈夫

從文獻記載上看，諸葛亮似乎還沒有孔子高。《史記．孔子世家》：「身長九尺六寸，人皆以長人而異之。」孔子身高九尺六寸，大家都詫異他怎麼能長那麼高。

孔子崇拜周文王，周文王長得更高。《孟子．告子下》：「文王十尺，湯九尺。」周文王十尺高，商湯九尺高。

以上這些還不算最嚇人，真正嚇人的是東漢學者王充對身高的看法：「譬猶人形一丈，正形也，故名男子為丈夫……不滿丈者，失其正也。」成年男子長到一丈高才算是正常體型，如果低於這個海拔，那就是矮子，故此古人管成年男子叫「丈夫」。言外之意，身高一丈的周文王也不是巨人，頂多是個正常人罷了。

哇！一丈都不算高，那多高才算高？難道先秦時代的男人都吃了特效增高藥，能比我們現代人高兩倍嗎？

相信聰明的讀者朋友早就有了答案：古籍中記載的身高之所以很高，僅僅是因為古代的尺很小。

古尺是不斷變化的，總的變化趨勢就是愈來愈長。

中國國家博物館有一把商代象牙尺，長一五．七八公分；上海博物館也有一把商代象牙尺，長一五．八公分。我們取整數，就算商朝一尺等於十六公分，那麼身高九尺的商湯才一．四四公尺，非但不是巨人，簡直就是侏儒。

周朝的尺比商朝長一些，雖然缺乏考古實物，但是民國早期的度量衡學者吳承洛先生根據文獻記載做過推算，推算結論是西周一尺在十七公分到十八公分之間。如果這個推算符合史實，則周文王身高十尺（十尺為一丈），大約是一．七公尺到一．八公尺之間。不過周文王活著時，西周還沒建立，他其實屬於商朝人，按照商

▲ 澳洲雪梨中國文化中心展出的一根刻有卜辭的商代骨尺，殘長一〇．三公分

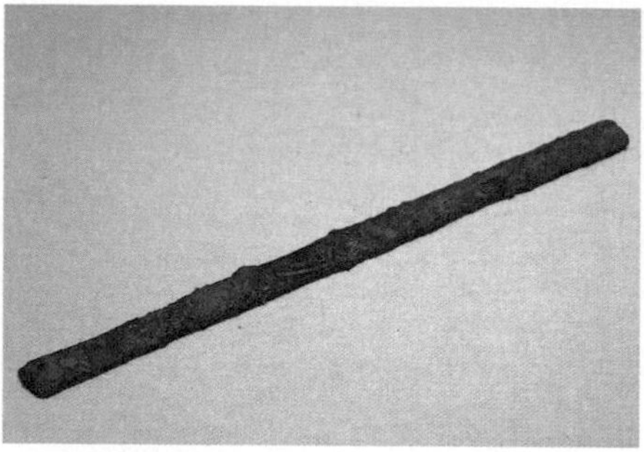
▲ 西漢鐵尺，一九六八年出土於河北滿城漢墓，現藏中國社科院歷史研究所，實長二三．二公分

▲ 三國時吳國木尺，二〇〇四年出土於南京仙鶴街皇冊家園工地，現藏南京博物院，實長二四．五公分

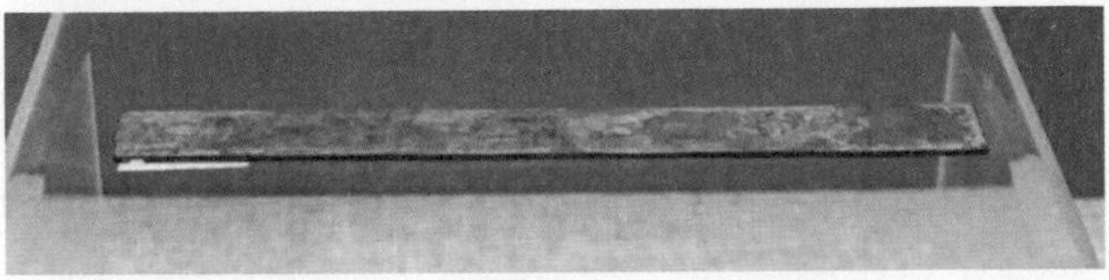

▲ 唐代蔓草紋鎏金銅尺，一九六四年出土於河南洛陽，現藏洛陽博物館。銅質，表面鎏金，殘長二十四公分，約八寸，據此可推算當時一尺約三十公分

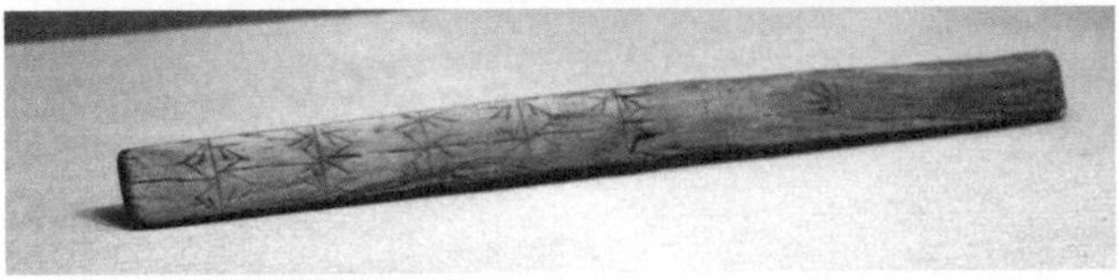

▲ 北宋木尺，一九六四年出土於南京孝陵衛街北宋墓，現藏南京博物院，長三一．四公分

▲ 北宋木尺，一九二一年出土於河北巨鹿北宋古城，現藏中國國家博物館。長四二．八公分，寬二．七公分，標刻十三寸，據此可推算出當時一尺為三二．九 公分

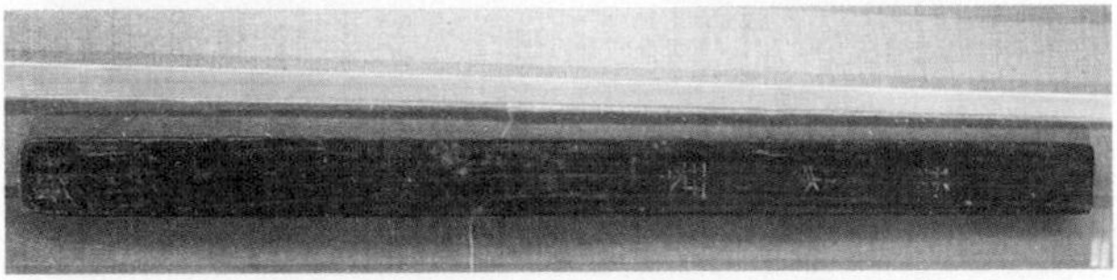

▲ 明代木尺，現藏南京博物院，長三一．三公分

朝尺，他的身高可能才一・六公尺左右。

王充認為「丈夫」身高該滿一丈，不足一丈的不算正常人，他這話並非信口雌黃。王充是漢朝人，漢朝一尺已然增到二十三公分，一丈足有二・三公尺。但王充是在解釋商湯和周文王時代的「丈夫」，依據的是商、周兩朝的尺度，一個人不滿一丈，相當於不到一・六公尺或一・七公尺，確實略低於成年男子的平均高度。

尺度的大小在變，「丈夫」的詞義也在變，這個詞最初是指成年男子，後來就變成了妻子的老公。然後呢？人們再說成年男子，不再說「丈夫」了，改說「七尺男兒」或「七尺之軀」，甚至直接簡稱為「七尺」。

唐朝劉禹錫〈聚蚊謠〉云：「我軀七尺爾如芒，我孤爾眾能我傷？」我堂堂七尺男子漢，你們蚊子小得像麥芒一樣，我單槍匹馬，你們蚊多勢眾，但你們沒我強大，豈能傷得了我？劉禹錫口中的尺，其實不是唐朝的尺。唐尺和現代尺比較接近，官定量布尺和量地尺大約有三〇・三公分那麼長，七尺即二・一二公尺。

劉禹錫有二公尺多高嗎？放心，他沒有。那他為何敢說「我軀七尺」呢？因為他沿用了魏晉時期或更早的習慣性說法。西晉陸機就寫過：「昔為七尺軀，今成灰與塵。」西晉一尺在二十四公分上下，七尺大約一．六八公尺。

魏晉以降，尺度迅速增大，南北朝時的北魏一尺將近三十公分，隋朝一尺也將近三十公分，唐朝一尺已超過三十公分，宋、元、明、清一尺增到三十一公分到三十三公分，個別地方的量地尺還能長達三十六公分，但「七尺軀」的說法始終沒變，只要說到男人，必然是「七尺男兒」，可見文化慣性非常強大，尺度早就變了，語言沒有跟上。

直到今天，我們也常說「七尺男兒」，儘管實際上絕大多數中國人都不可能長到現代尺的七尺那麼高。

布手知尺

臺灣有臺尺，中國大陸有市尺，從商周到明清，歷朝歷代都有各自的尺。跳出中國，放眼海外，英國有英尺，法國有法尺，泰國有泰尺（一泰尺約五十公分），日本有菊尺（測量花卉的尺）、文尺（量布用的尺）……尺這個單位，可能是公制單位（又叫「公尺制單位」）普及之前最通行的長度單位。

這個長度單位是怎麼來的呢？

答案是，源於人體。

《孔子家語》上說：「布手知尺。」先民把手展開，就得到了「尺」。

把手展開，能得到尺，是說手掌的寬度是一尺呢？

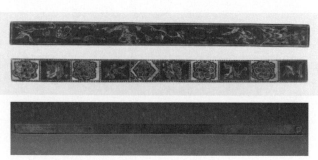

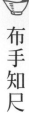

▲ 千年以前日本天皇賜給臣下的紅牙撥鏤尺，用象牙染色鏤刻製成

▼ 來自中美洲的一根標準尺，長約三十三英寸，一八四六年製造

▲ 小篆體的「尺」字

還是說手掌的長度是一尺呢？《孔子家語》沒有明說，但我們可以根據「尺」字的早期形態來推想。

「尺」的小篆由一左一右兩筆構成：左筆曲裡拐彎，上面像手掌心，底下甩出長長的一撇，像是中指；右筆上半部分構成掌心的邊緣，下半部分是斜伸的拇指。我們的老祖先伸出一隻手，讓食指、小指、無名指蜷縮起來，讓拇指和中指盡量展開，從拇指尖到中指尖的距離，就是早期一尺的距離，現在俗稱「一拃」。

大夥可以用試著量一下，成年男子的「一拃」，大約在十五公分到十八公分之間，差不多就是已出土的商朝象牙尺的長度。

男人手大，女人手小，男人的拃比女人長，男人的拃做為尺，那女人的拃呢？叫做「咫」。新朝（夾在西漢與東漢之間

▲ 西元前五百年左右，埃及人燒製的一套彩陶酒杯，現藏英國倫敦巴拉卡特美術館

▶ 這幅壁畫上，一個古埃及人正用手臂量布

的短命王朝）開國皇帝王莽統一度量衡時規定，一咫等於〇・八尺，也就是八寸。不是有一個成語「咫尺之間」嗎？本義就是在八寸和一尺之間，意思是離得特別近。

古中國將一拃定為一尺，古埃及則將中指指尖到胳膊彎的距離（也就是小臂的長度加上手掌的長度）定為一尺。胳膊彎又叫「肘」，所以古埃及的尺被我們後人稱為「肘尺」。肘尺至少從四千年前就開始流行於古埃及了，當時一尺在五十公分左右，比我們商朝的尺長得多。

有意思的是，古巴比倫的尺也是肘尺，一尺大約五十四公分。十六世紀時期俄國的尺也是肘尺，一尺大約四十六公分。

同樣是肘尺，具體長度各不相同，主要是因為人和人的手臂長度和手掌長度不一致造成的。即使在古埃及，不同時期的肘尺也不一樣長。比如說著名的埃及法老胡夫(Khufu)在位時（西元前二五九八年至西元前二五六六年），一尺等於四六・四公分；而另一位法老圖特摩斯一世(Thutmose I)在位時（西元前一五〇六年至西元前一四九三年），一尺等於五二・五公分。

古埃及相信輪回，重視喪葬，法老們活著時就要修建異常宏偉的金字塔，工期漫長，工程浩大，沒有統一的量度單位是不行的。可是肘尺都不一樣，怎麼統一呢？比較通行的做法就是實測法老的肘長，用這個長度做為標準尺。每個法老的身材都不一樣，所以每個法老在位時的肘尺也不一樣，圖特摩斯一世時代的肘尺比胡夫時代的肘尺長，說明圖特摩斯一世的胳膊比胡夫的胳膊長。

古希臘也有尺，和中國尺和埃及尺都不同，希臘尺走了下盤，是按腳掌的長度來定的。古羅馬繼承了古希臘的文化，所以羅馬尺也是腳的長度。西元一世紀，羅馬軍團遠征不列顛，英格蘭成為羅馬的一個行省，羅馬尺隨之傳到英國。現在英尺的英語單詞是foot，這不就是「腳」嗎？

布指知寸

東漢許慎《說文解字》解釋「尺」字：「尺，十寸也，人手卻十分動脈為寸口，十寸為尺。」一尺等於十寸，尺是從寸得來的。從手腕底緣到脈門是一寸，累積十寸得到一尺。

許慎是大學問家，但他在尺寸問題上犯了錯誤。第一，古代中國是先有尺，後有寸，「十寸為尺」是在尺和寸都誕生以後才提煉出來的數量關係；第二，「寸」這個單位也不是起源於脈門，而是起源於指節，儒家經典《孔子家語》說的是「布指知寸」，伸開手指，得到了寸。

人有雙手，每隻手都有五根手指，每根手指都有若干指節，這些指節的長度並不一致，究竟應該從哪一根指節得到寸的長度呢？

答案是，成年男子的食指最上面那段指節，長約二公分多一點，這也是秦漢時期一寸的長度。

不過，從漢朝往後，特別是到了唐、宋時期，尺寸變得愈來愈大，一尺的實際長度遠遠超過了一拃，一寸的實際長度也遠遠超過了食指的指節，古人只得將大拇指的最上面那段指節定為一寸。

中國寸來源於指節的長度，英國寸則來源於指頭的寬度。

就像英尺是古羅馬的遺產一樣，英寸也是古羅馬的遺產。古羅馬人將腳掌的長度定為一尺（三十公分左右），將拇指的寬度定為一寸（二．五公分左右）。羅馬人透過實測發現，腳掌長度大約是拇指寬度的十二倍左右，所以將一尺定為十二寸。西元一世紀，羅馬人占領了英格蘭，此後一英尺也等於十二英寸。

中國的尺和寸之間是十進制關係，好算。英尺和英寸之間是十二進制關係，不好算。既然不好算，為什麼不改成十進制呢？為什麼不讓一英尺等於十英寸呢？因為這是古羅馬時期奠定下來的老傳統，已經沿用了二千多年，文化慣性太

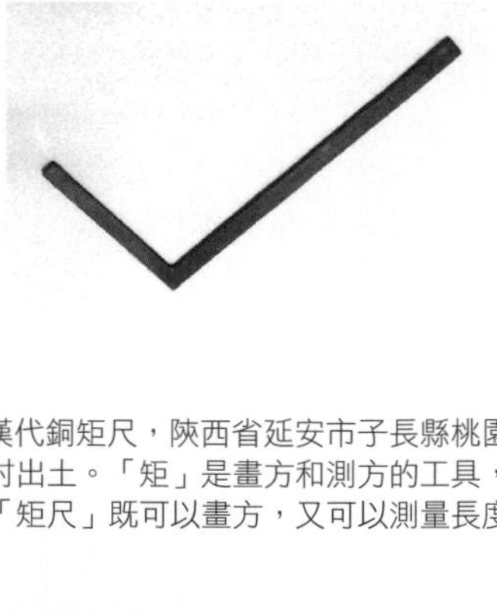

▲ 漢代銅矩尺，陝西省延安市子長縣桃園村出土。「矩」是畫方和測方的工具，「矩尺」既可以畫方，又可以測量長度

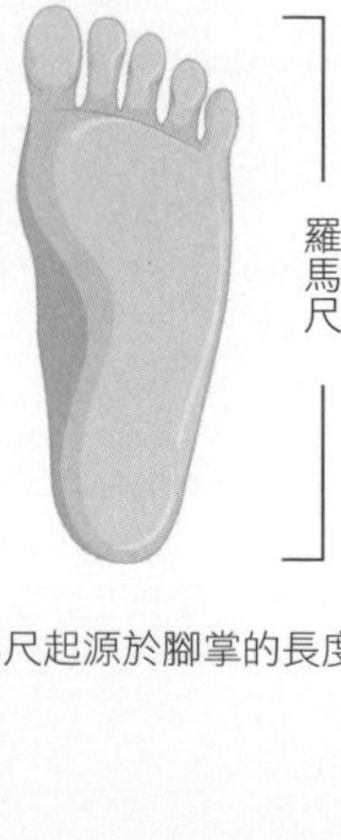

▲ 羅馬尺起源於腳掌的長度

大，很難改掉。而古羅馬採用十二進制的數量關係，也不是因為羅馬人偏愛十二進制，僅是因為拇指寬度碰巧是腳掌長度的十二分之一罷了。

英寸對應兩個英文單詞，一個是 inch，另一個是 uncia。這個 uncia 正是古羅馬時代的拉丁語，本義就是「十二分之一」。

布手知尺，布指知寸，尺寸都源於人體，這絕非巧合。遙想當年，人類文明剛剛冒出一點苗頭，老祖宗們茹毛飲血，穿著獸皮在山洞裡穴居，不可能發明出一整套測量工具，他們想量出獵物的長度和同伴的高度，想知道自己為了追逐獵物究竟跑了多遠，靠什麼量？只能靠手和腳。看見較長的物體，用腳掌去量，用手掌去量，用胳膊肘去量；看見較短的物體，用指寬去量，用指節去量，都是很自然的事情。

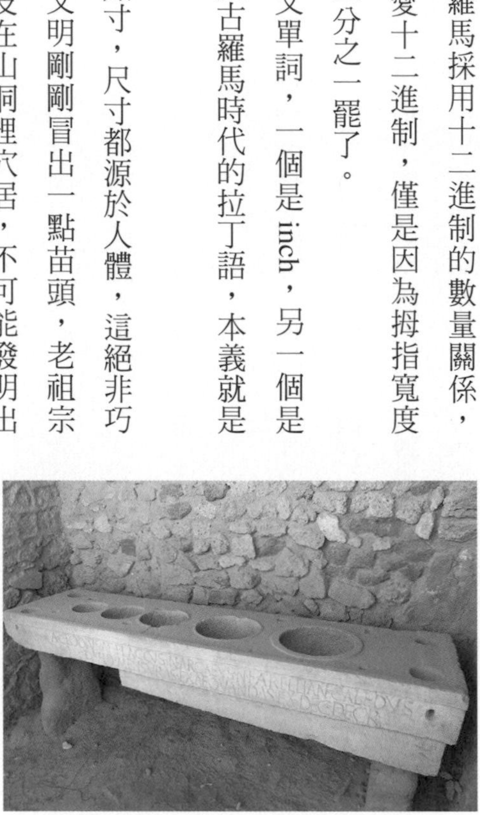
▲ 從古羅馬龐貝古城遺址中發掘出一張混凝土桌子，上有一排大小不等的圓孔，這是讓顧客檢驗所購貨品是否足量的一種度量工具

事實上，人類歷史上湧現出許許多多長度單位，都和人體有關。

古代英國有一個長度單位 fashom，意思是展開雙臂，雙手伸直，從左手指尖到右手指尖的距離。

中國也有一模一樣的長度單位，從春秋戰國時就存在，當時稱為「尋」，現在俗稱「一庹」（讀「ㄊㄨㄛˇ」），指的也是展開雙臂，雙手伸直，從左手指尖到右手指尖的距離。

美國作家馬克・吐溫 (Mark Twain) 在密西西比河上當過領航員，密西西比河上的船夫習慣用一條打了三個結的繩子來測量水深。這根繩子的第一個結叫 mark over，第二個結叫 mark twain，第三個結叫 mark under，三個結之間的距離都是一尋，也就是雙臂展開的間距。領航員把繩子垂到水裡，看繩結報水深，假如他喊的是「mark over」，說明水深一尋；喊「mark twain」，說明水深二尋。如此測量水深，歸根結柢也是用人體去量的，只不過用了一條繩子當媒介，領航員不用跳到水裡去。

俄國有一個長度單位「沙繩」，又譯為「俄丈」，也和英國的 fashom、中國的尋相同，都是雙臂雙手伸直的長度。俄國還有「半沙繩」和「斜沙繩」這兩個長度，前者是沙繩的一半，後者是從左腳腳跟到高高舉起的右手的大拇指的指尖的距離。但不管哪個「沙繩」，都是用人體量出來的。

聽音定尺寸

古代中國有一個傳說，見於東晉王嘉《拾遺記》。

當年大禹治水，鑿開了龍門山，無意中發現一個深不見底的石洞。大禹好奇，鑽進去探險，愈往裡走，裡面愈暗。走著走著，大禹眼前突然一亮，面前出現一隻長得像豬的神獸，嘴裡銜著一顆閃閃發光的夜明珠，給大禹照明和引路。在這隻神獸帶領下，大禹又走了好久，終於走到石洞的盡頭。石洞盡頭啥都沒有，卻有一只玉簡，玉簡上還有尺和寸的刻度。大禹知道，那是神仙賜給他的度量工具，他開心地拿起玉簡，走出了石洞，然後根據這只玉簡上標定的刻度，仿造出了木尺、竹尺和卷尺。大禹教導工匠用這些尺子測量土方，提供了工作效率，加快了治理洪水的進度。

▲ 古籍中的大禹畫像

也就是說，大禹之前沒有尺和寸的概念，更沒有尺子，自從天神將玉簡賜給大禹，人間才有了度量單位和測量工具。

現代人肯定不信這個傳說，但王莽相信。

王莽篡奪漢朝，建立新朝，他是一個食古不化的理想主義者，將儒家經典和讖緯之術奉若神明，在儒經和巫術的指導下推行改革。他改革了貨幣，改革了官制，也改革了度量衡。他認為秦朝和漢朝的尺度都是人為規定，所以都是錯誤的，只有上天定下的尺度才是正確的尺度。可是大禹得到的那只玉簡早就在戰亂中丟失，要想恢復天定的尺度，只能從其他方面尋找啟示。

在儒生和巫師的建議下，王莽採用律管來釐定長度。那是一套用黃銅鑄造的定音器，包括十二根銅管，粗細相等，長短不同，分別命名為「黃鍾」、「大呂」、「太

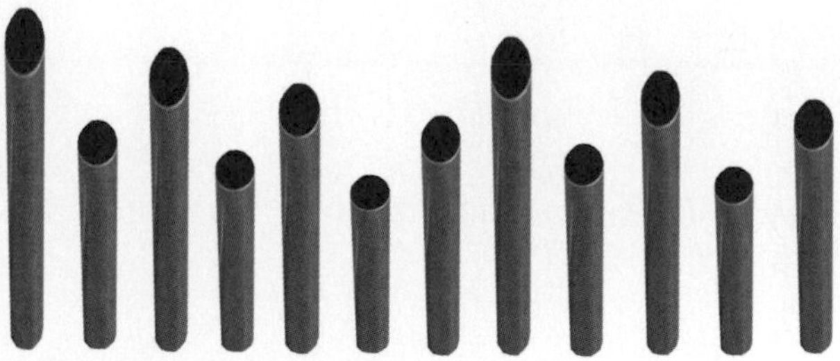

▲ 十二律示意圖

「南呂」、「夷則」、「林鍾」、「蕤賓」、「仲呂」、「姑洗」、「夾鍾」、「太簇」、「無射」、「應鍾」。其中黃鍾最長，大呂次之，太簇又次之，夾鍾再次之……無射較短，應鍾最短。

學過中學物理的朋友都知道，同等材質、同等粗細的物體，長度愈長，振動頻率愈低，敲起來聲音愈沉悶；反過來，長度愈短，振動頻率愈高，敲起來聲音愈清脆。大約從周朝開始，古人設計了這麼一套長短不等的管子，組成十二個相鄰之間都是半音關係的音高系統，簡稱「十二律」。很明顯，在十二律當中，黃鍾的音高最小，應鍾的音高最大。

在王莽和他的智囊團看來，音律和尺度都是上天恩賜的禮物，它們之間存在著神祕關聯，從尺度可以推導出音律，從音律也可以推導出尺度。現在尺度不規範，不符合天道，那不要緊，只要能把音律定出規範，就能據此制定一套規範的尺度。

王莽請來最高明的樂師，一遍又一遍地測試十二律，銅管長則修短，短則加長，直到每個音高都非常標準為止。然後，他以音高最小的黃鍾為基準，將黃鍾的長度定為九寸，先得出每寸的長度，再乘以十，進而得到了尺的長度。

商朝就有尺，周朝也有尺，秦漢都有尺，不僅如此，戰國時代秦國大臣商鞅還統一過度量衡，用行政力量強制頒定統一的尺度。但是，王莽對這些已有的尺度統統不看好，他堅信透過音律搞出來的尺度才是最理想的尺度。

臺北國立故宮博物院現藏一根王莽時代的銅丈，即長達一丈的標準量器，經實測，長二二九・二公分。一丈等於十尺，說明王莽時代一尺是二二・九二公分，比秦朝的尺和西漢的尺略微短一些。

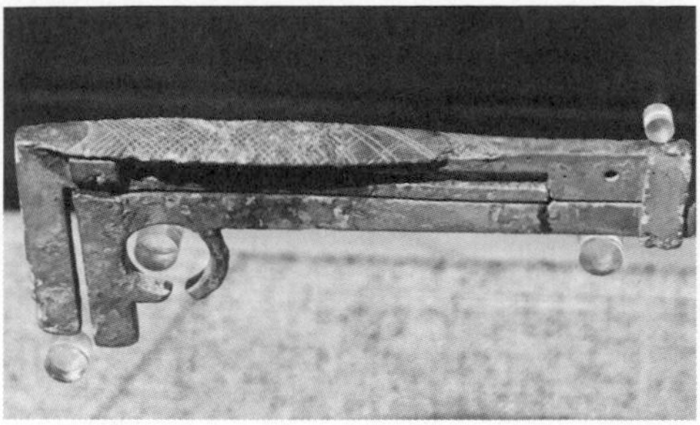

▲ 始建國銅卡尺

中國國家博物館也有一副王莽時代的標準量器，名曰「始建國銅卡尺」，設計精巧，結構複雜，既可以測量圓形物體的直徑，也可以測量容器的深度。該尺刻有「寸」和「分」兩種刻度，一寸為十分。經實測，每寸長二・四九公分，每分長〇・二四九公分，進而可以得知，每尺長二四・九公分。

同樣都是王莽頒定的標準量器，前者一尺長二二・九二公分，後者一尺長二四・九公分，誤差絕對不小。

為何會有這麼大的誤差呢？

第一種可能，兩個量器當中有一個是贗品，是偽造或仿造的，長度不標準。

第二種可能，它們都是真品，只因為在地下埋藏過久，氧化鏽蝕加上地殼應力，其中一個發生了變形；

第三種可能，王莽多次用音律定尺度，每次得到的尺度都不一致，所以頒定的標準量器也不一致。

大麥和鞋碼

《漢書・律曆志》記載了王莽改革度量衡的理論和方法：

度者，分、寸、尺、丈、引也，所以度長短也。本起黃鍾之長，以子穀秬黍中者，一黍之廣度，九十分黃鍾之長，一為一分，十分為寸，十寸為尺，十尺為丈，十丈為引，而五度審矣。

所謂長度單位，就是分、寸、尺、丈、引，用來測量不同物體的長短。標準長度來源於黃鍾的長度，但是要用糧食顆粒的長度進行校準。取九十粒成熟、飽滿、大小均勻的黍子（禾本科植物黍的種子，又叫「糜子」、「黃米」），並排放在一起，九十粒黍子的寬度就是黃鍾律管的標準長度。再將這根黃鍾律管的長度定為九寸，將一寸的十分之一定為一分，將一寸乘以十倍得到一尺，將尺乘以十倍得到一丈，將丈乘以十倍得到一引。將黃鍾定音和黍子並排這兩種方法結合起來，最終得到分、寸、尺、丈、引這五種單位的標準長度。

▲ 黍子，俗稱「糜子」、「黃米」

▲ 黍，禾本科植物，又名「稷」

王莽測定尺度時，可能認識到用定音來定長的方法並不合理——影響音高的因素不僅是長度，還有粗細、密度、材質等其他條件，長度完全相同的兩根銅管，音高並不一定相同。反過來說，你拿出幾十根黃鍾來，音高都一樣，長度卻可能千差萬別。

和千差萬別的律管相比，糧食顆粒差別並不大，從同一塊黍子地裡採集的黍子，隨便抓一把出來，剔除掉沒有長飽的顆粒和被鳥雀啄殘的顆粒，剩下的顆粒在寬度、長度和重量上，相差不會超過一%。將一百粒黍子橫排並放，中間不留空隙，將總長度（相當於一百粒黍子的總寬度）定為一尺，確實比用律管定長務實得多，根本用不著再讓黃鍾律管來插一槓子。王莽既用黍子，又用黃鍾，要嘛是脫褲子放屁，要嘛是為了增加儀式感和神祕感，為了表明「上應天道」。

感興趣的朋友不妨做做實驗，去超市裡買一些脫過殼的黍子，數出一百粒，並排橫放（千萬不要搞成首尾相連），用直尺去量，實測長度應該在二十二公分到二十五公分之間，與秦漢尺和王莽尺的長度不會差太多。

王莽死後一千年，西方世界也開始用糧食顆粒來規範尺度。

一〇六六年，德皇威廉一世 (William I) 征服英格蘭，宣布三顆大麥首尾相連的長度為一英寸。

一三〇〇年，英王愛德華一世 (Edward I) 頒布法令，將三顆大麥首尾相連的長度定為一英寸，將三十六顆大麥首尾相連的長度定為一英尺。

一三二四年，英王愛德華二世 (Edward II) 進一步優化愛德華一世的規定，取三顆乾燥的、飽滿的、從麥穗中間部位摘取的圓形大麥，將首尾相連的長度定為一英寸，將三十六顆乾燥的、飽滿的、從麥穗中間部位摘取的圓形大麥首尾相連的長度定為一英尺。

英國人殖民印度後，發現印度寸比英寸長，一印度寸是一英寸的一・三二倍，因為印度人將三顆大米首尾相連的長度定為一寸，而大米比大麥稍微長那麼一點點，所以印度寸比英寸長。

印度人用大米測定尺寸，並不是向英國學的；英國人用大麥測定尺寸，也不是向王莽學的。在種植業發達的歐亞大陸上，任何一個文明都有可能自主發明出用穀物規範度量衡的方法。因為穀物是最普遍的商品，在雜交技術和轉基因技術成熟前，同一種穀物的形狀和大小差不多，天然適合做為測量標準。

早在古希臘時代，地中海沿岸生長著一種角豆，種子細小，重量很輕，品質很穩定，古希臘珠寶商就用它們替鑽石稱重。在天平一側放鑽石，另一側放角豆的種子，天平穩定平衡時，數一數種子的數量，一粒種子就是一克拉，十粒種子就是十克拉，一百粒種子就是一百克拉。現在我們知道，克拉是鑽石最通用的重量單位，這個詞正是源於古希臘語，本義是「角豆」。

在沒有度量工具的時代，我們用人體來度量；在度量工具不統一的時代，我們用種子進行統一。你看，我們地球人就是這麼聰明。

這裡還有一個有趣的知識點，和鞋子的尺碼有關。

中國人買鞋，一定會看鞋碼。男人腳大，穿四十三碼、四十二碼、四十一碼、四十碼的鞋；女人腳小，穿三十九碼、三十八碼、三十七碼、三十六碼的鞋；孩子腳更小，穿十幾碼和二十幾碼的鞋。我們說的這些鞋碼都是歐洲鞋碼，而歐洲鞋碼最初是由大麥來測定的：三十七碼就是三十七粒大麥首尾相連的長度，四十一碼就是四十一粒大麥首尾相連的長度。一言以蔽之，你的腳長等於多少粒大麥，就穿多少碼的鞋子。這是英王愛德華二世用大麥校正英寸和英尺時期形成的傳統，在歐洲盛行了幾百年，民國早期才傳入中國，現在成了中國鞋碼的傳統。

膨脹的尺度

一五九三年，英國女王伊麗莎白一世（Elizabeth I）頒布《度量衡法》，仍然延續愛德華一世和愛德華二世的做法，將三粒大麥首尾相連的長度定為一英寸，將三十六粒大麥首尾相連的長度定為一英尺。所以，英寸和英尺在幾百年間既沒有明顯變大，也沒有明顯變小。

中國則不然。

王莽時代，一尺在二十三公分上下浮動；南北朝時代，一尺暴增到三十公分；隋唐時代，一尺在三十公分上下變動；兩宋時期，一尺在三十一公分上下遊走；到了元朝，一尺又暴增到三十五公分左右；明清時代，一尺回縮到三十二公分左右。一九〇九年，清政府向國際度量局定制「尺之原器」，用鉑銥合金打造了一副標準尺，長達三十二公分；二十世紀二〇年代末，南京國民政府再次改革度量衡，為了簡化傳統市尺與國際通行的公尺（米）之間的換算關係，規定三尺等於一公尺，一尺又膨脹到三三・三三公分。

從王莽改革度量衡到民國改革度量衡，千餘年期間，尺度呈現出整體膨脹的大趨勢。特別是魏晉南北朝時期和蒙元統治期間，尺度膨脹得尤其厲害。

宇宙在膨脹，我們知道。通貨在膨脹，我們也知道。尺度怎麼也會膨脹呢？

康熙主編的《律呂正義》給出一個不算答案的答案：「橫累百黍為一古尺，今則以縱累百黍為尺。」從前一尺是一百粒黍子並排相連的長度，現在（指清朝）一尺是一百粒黍子首尾相連的長度。黍子是棗核形的，中間鼓，兩頭尖，橫著量偏短，豎著量偏長。雖然說單粒黍子的橫長和豎長相差無幾，可是把一百粒黍子累加起來，就會造成將近十公分的巨大差距。

問題在於，以前幹嘛要橫著量？後來幹嘛又改成豎著量了呢？

王莽時代「橫累百黍」，一是為了迎合秦漢時期的舊尺——秦漢時期一尺大約二十三公分，恰好是一百粒黍子並排橫放的總長度；二是為了給民間用尺

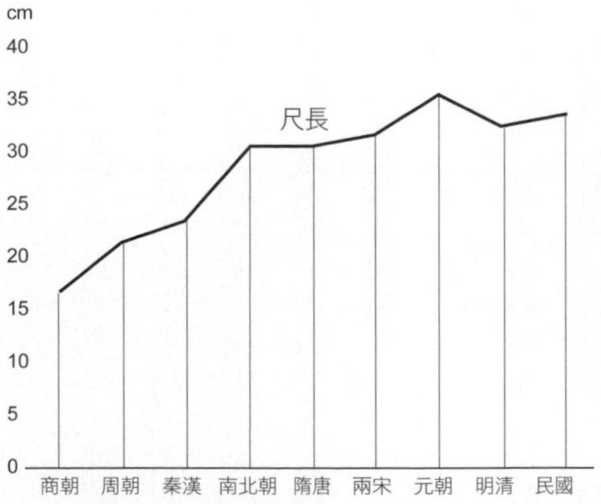

▲ 中國歷代尺度演化趨勢

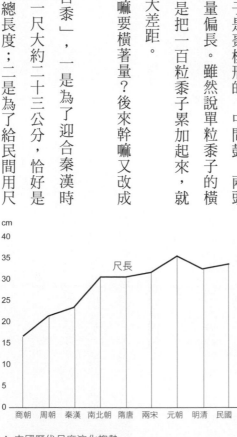

提供簡便易行的校正標準。

實際上，王莽改革度量衡前，官府早就有了標準尺，但民間用尺長短不齊，誤差太大，要想把市面上所有的尺子給改過來，只能依次用標準尺作比對，成本太高，工期太長，就憑古代官府的技術手段和行政效率，根本不可能做到。當王莽發現「橫累百黍」碰巧與官府標準尺等長後，統一度量的工作就好辦多了，只須發一道聖旨，告訴地方官府和全國老百姓，「橫累百黍」可以校準尺度，這項工作在老百姓家裡就能搞定。

我們不妨設想這樣一個歷史場景：

張三去李四店裡買布，發覺李四的尺子太短，李四矢口否認，兩人爭吵起來，這時候需要官老爺拿著標準尺去仲裁嗎？完全不需要。張三抓一把黍子，數出一百粒來，一粒一粒「橫累」到李四櫃檯上，用李四的尺去量。如果尺長與黍長差不多，就能證明李四的尺確實是標準尺，反之就不是標準尺，他就有理由讓李四更換一把合乎標準的量布尺。

既然「橫累百黍」足以校正尺度，後來為何改成「縱累百黍」呢？

因為尺度不斷膨脹，橫累百黍只能校正秦漢時期的短尺，不能校正南北朝時期和唐、宋、元、明、清時期的大尺。

膨脹於無形，使人不怒

現在問題又回來了：古代中國的尺度為什麼不能老老實實地待著不變？為什麼非要膨脹下去呢？

因為古代中國的統治者抑制不住一個衝動——剝削老百姓的衝動。

從秦漢到明清，歷朝歷代的統治者都會從民間徵收絲綢和布匹。比如說，王莽在位時讓不事農耕、遊手好閒的城市居民繳納布匹，每人每年繳納一匹布。曹操打敗袁紹後，地盤得以擴充，讓農民每戶每年繳納二匹絹。西晉司馬炎平定吳國，讓江南百姓成年男子每人每年繳納三匹絹，女子及未成年男子每人每年繳納一．五匹絹；南北朝時的北魏推行「均田令」，讓分到土地的農民每戶每年繳納一匹布；隋唐推行「租庸調」，隋文帝命令每戶每年繳納一匹絹或一．五匹布，唐高祖則命令成年男子每人每年繳納〇．五匹絹或一匹布；北宋後期，宋徽宗讓民間成年男子每人每年繳納〇．三匹絹，後來又改成每人每年繳納一匹絹；蒙元統治期間實行「包稅制」，讓一個或幾個商人承包整個江南地區的絲綢徵收任務，每年從江南徵收絲綢幾十萬匹……

除了徵收，官府還徵購。與無償徵收不同，徵購是花錢從民間買，但價格卻由官府來定，一般都要比市價低。例如王安石變法時期，一些急於完成「創收」任務的地方官從民間徵購布匹，每匹絹市價三千文，只給一千五百文，官府倒手賣掉，可得整倍之利。

徵購也好，徵收也罷，歸根結柢都是剝削。在漫長的專制時代，「率土之濱，莫非王臣。」理論上朝廷想怎麼剝削都可以，老百姓沒有資格抗議。但是中國還有一句話，「水能載舟，亦能覆舟。」你剝削過了頭，老百姓被逼急了，也有可能揭竿而起，掀翻你的王朝。所以，剝削是一門技術活，需要高明的政策設計。春秋時代的齊國政治家管仲說過：「取之於無形，使人不怒。」最高明的剝削總是在悄無聲息中進行的，老百姓察覺不到，不至於發怒。

管仲發明了一個悄無聲息的剝削手段：鹽鐵專賣。食鹽，人人都要吃；鐵器，家家都要用。管仲把這兩樣生活必需品的生產和銷售收歸國

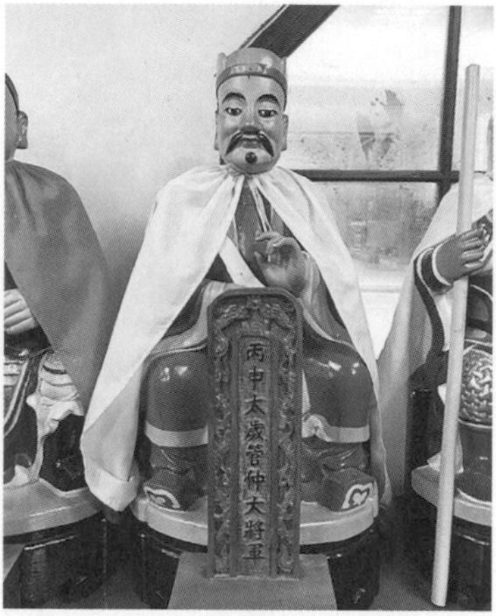

▲ 臺南市麻豆區代天府供奉的管仲神像

有，低成本生產，高價格銷售，巨大利差讓齊國財政吃成胖子，而老百姓僅僅感覺到鹽和鐵變貴了，卻不知道本質上是他們承擔的賦稅變多了。

漢朝統治者也發明了一個悄無聲息的剝削手段：通貨膨脹。五銖錢本該重五銖（二十四銖為一兩），朝廷再鑄新錢時，鑄成四銖、三銖、二銖，甚至一銖，面值仍舊是五銖，並強行用這些不足值的新錢去回收足值的老錢，造成物價騰飛。老百姓呢？僅僅是感覺物價上漲了，錢不值錢了，卻不知道本質上是他們承擔的稅賦變多了，正所謂：「大盜不盜。」物價漲了一倍，你口袋裡的錢就少了一半。

通貨膨脹這種手段，在漢朝以後長期使用，唐朝用過，元朝用過，宋朝用過，明、清也用過，有時用在銅錢鑄造上，有時是印成面額愈來愈大、購買力愈來愈小的「會子」、「寶鈔」等紙幣。即使到了今天，為了增加財政收入和刺激經濟發展，世界上絕大多數國家仍然在採用這種手段。區別僅僅在於，現代政府更加成熟，不會讓貨幣暴漲暴縮，通貨膨脹的速度不至於那麼嚇人。

尺度膨脹是古代中國統治者發明的另一種「使人不怒」的高明手段，它能讓朝廷悄無聲息地多收絲綢和布匹。

讓我們再設想一個歷史場景：

舊王朝滅亡，新君主登基，一邊大赦天下，一邊昭告百姓，宣布「輕徭薄賦」的國家政策，定下「永不加賦」的祖宗家法。

老百姓聽了，歡欣鼓舞，奔走相告：「以前那個混蛋皇帝讓我們每人每年交三匹布，搞得我們生不如死，現在好了，每人每年可以少交一匹布！」

但是，他們不會開心太久，因為新王朝悄悄地改變了官尺，從前一尺是二十三公分，現在膨脹到了三十公分。這個小小的尺度膨脹好像沒什麼問題吧？其實問題大了——按照秦漢時的標準，每匹布「寬二尺二寸，長四丈」，寬度是二．二尺，長度是四十尺，按一尺等於二十三公分換算，寬五〇．六公分，長九百二十公分，面積是四萬六千五百五十二平方公分；改換新尺徵收布匹，每匹布還是寬二．二尺，長四十尺，但按一尺等於三十公分換算，寬六十六公分，長一千二百公分，面積是七萬九千二百平方公分，新王朝一匹布相當於舊王朝的一．七匹。

表面上看，新王朝每人每年比過去少繳納一匹布。實際上，每人每年要比過去多貢獻〇．四匹布。賦稅不但沒減輕，還變重了。

當然，新王朝一般不敢做得這麼絕，朝廷說要「與民休息」，可能會真的這樣做（五代十國和元朝除外）。可是每個王朝的君主都會從儉樸走向奢華，每個王朝的官員數量都會變得愈來愈多，每個王朝的貪汙腐敗都會愈來愈嚴重，開國皇帝或許能做到輕徭薄賦，繼任者為了填補國家財政和宮廷開支的虧空，不可能真的「永不加賦」。既要增加稅收，又不能破壞開國皇帝的祖宗家法，怎麼辦？要麼巧立名目，開創新的稅源；要麼改變度量衡，悄無聲息地多收布匹和糧食。

所以在古代中國，尺度膨脹是無解的。

官尺變了，民尺亂了

為了徵收更多的布匹，官尺朝著膨脹的方向一路狂奔，民間用尺就跟不上腳步了。

以北宋為例，中央財政機關三司的量布尺長達三十一公分。而在同一時期，福建民間的量布尺僅二十八公分，浙江民間的量布尺僅二十七公分，比官尺「落後」了一大截。

要說民間用尺統統比官尺短，那也不一定。同樣在北宋，同樣是量布尺，淮南地區民間一尺竟然長達三十五公分到三十六公分，比官尺還長。

即使在官府那裡，尺度也沒有統一。在宋、元、明、清四朝，按照用途劃分，有量布尺，有量地尺，有木工尺，有營造尺，有音律尺，有天文尺，每種尺的長度都不一樣。一般來說，量地尺和量布尺更新換代比較快，稍微長一些；木工尺和營造尺有師徒之間的代際傳承，更新換代比較慢，稍微短一些；音律尺和天文尺基本上都是參照遠古標準製造出來的，除非古尺失傳，才有可能組織專家仔細考證，再造新尺，所以音律尺和天文尺都是最短的尺。

以唐朝為例，官方量地尺在三十公分左右，營造尺在二十八公分左右，而僧人一行測量子午線的天文尺僅有二四．六公分長。

再以明朝為例，按照現代尺度換算，當時官定的量布尺三四．〇五公分，量地尺三二．六公分，營造尺則是三十二公分。朱元璋在位時，發行過紙幣「大明通行寶鈔」，這種紙幣的購買力迅速貶值，但印刷品質非常精美，紙幣尺寸也非常龐大，堪稱中國歷史上最寬、最長的紙幣。最有意思的是，這種紙幣的尺寸還嚴格遵循各種官尺——紙幣外緣是量布尺的長度，內緣是量地尺的長度，最內黑邊是營造尺的長度。民間交易找不到標準尺，掏出一張大明通行寶鈔，就能當標準尺使用。

民間用尺更加混亂。單說量布尺，明朝江南地區一尺大約三十二公分，閩南地區一尺則有三十四公分，中原地帶的量布尺又僅有三十公分。設想一下，明朝的河南人去

▲ 朱元璋在位時的「大明通行寶鈔」印版，版上文字本是反刻的，此圖是翻轉後的效果，便於識讀

福建買布，假如布價相同的話，河南人一定占便宜；反過來說，如果布價不變，福建人到河南買布，一定會覺得吃虧，因為他會明顯發現買到的布偏短。

受中華文明影響，日本尺也沒有固定不變的標準。

日本出現過周尺、晉尺、曲尺。曲尺大約三十公分，晉尺大約二十四公分，周尺大約二十公分。這些尺分別來自中國的不同朝代。其中曲尺來自唐朝，晉尺來自魏晉，周尺來自先秦。中國尺在膨脹，日本尺也隨之膨脹。現代日本人依然使用「尺」這個長度概念，指的主要是曲尺。曲尺在明治維新時期被固定下來，一尺約等於三〇．三公分。

在清代臺灣，民間用尺更是混亂到了極點。僅在臺北一地，市面上就有裁縫尺（裁縫店用尺）、家內尺（家庭裁衣尺）、苧仔尺（量苧麻布的尺）、麻布尺（量黃麻布的尺）、丈量尺（即量地尺）、文公尺（用於建築測量，即營造尺）、丁蘭尺（也用於建築測量，是另一種營造尺）等尺度。其中文公尺最長，一尺四十二公分；苧麻尺最短，一尺二十一公分，相當於文公尺的一半。丁蘭尺和文公尺都是營造尺，但尺寸單位卻不一樣，丁蘭尺一尺等於十個「丁蘭寸」，文公尺一尺等於八個「文公寸」。文公寸是最大的寸，比「苧麻寸」長兩倍還要多。

臺灣原住民用尺更不標準，漢化程度較深的阿美族和卑南族學會使用漢族的一些尺，漢化程度較淺的泰雅族只會用手掌和手臂量算長度，稱漢族的「一拃」為tulop。但這tulop又不統一，有時指的是從拇指尖到中指尖的間距，有時指的是從拇指尖到食指尖的間距。

第二章 公尺有多長？

讓戰艦沉沒的荷蘭寸和瑞典寸

亞洲的尺寸如此混亂，歐洲是否好一點呢？

歐洲同樣混亂。

十二世紀中葉，蘇格蘭國王大衛一世(David I)頒布《度量衡法》，規定成年男子拇指的指甲寬度等於一寸。拇指有粗細，指甲有寬窄，大衛一世召集一大群成年男子，依次測量他們拇指的指甲，對測量結果取平均值，做為蘇格蘭的標準寸。

蘇格蘭在英格蘭北部，英格蘭寸是拇指的寬度，蘇格蘭寸是拇指指甲的寬度，照理說，蘇格蘭寸應該比英格蘭寸短一點。可是不知道為什麼，也許大衛一世測定標準寸時，召集的那幫男子拇指指甲碰巧很寬吧，反正自從大衛一世以後，蘇格蘭寸就比英格蘭寸還要長。長多少呢？一蘇格蘭寸等於一．〇〇一六英格蘭寸，前者

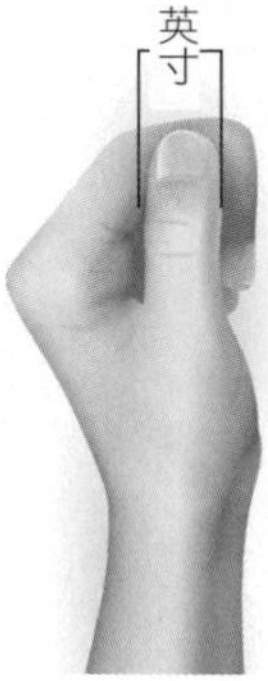

▲ 英寸起源於拇指的寬度

比後者長約一・六‰。

不到千分之二的差距，似乎可以忽略不計，但是幾十萬寸、幾百萬寸地累積起來，差距就驚人了。英格蘭紡織工業發達，蘇格蘭製衣商都去英格蘭採購布料，他們按蘇格蘭寸做預算，而英格蘭那邊的供貨商卻是按英格蘭寸發貨，蘇格蘭製衣商總是吃虧，於是雙方爭執不斷。

英格蘭兵強馬壯，國力雄厚，建議蘇格蘭改變度量，使用英格蘭寸。蘇格蘭民族情緒高漲，拒絕接受英格蘭寸。直到十八世紀初，蘇格蘭與英格蘭正式合併，兩國使用同一種貨幣和同一套度量衡，蘇格蘭才開始從名義上改用英格蘭寸，實際上蘇格蘭民間通用的寸仍然比英格蘭尺寸長一點。

本書開頭說過，法國寸和英格蘭寸

▲ 蘇格蘭與英格蘭

也不一樣，一法寸等於一．〇六八英寸，比蘇格蘭寸還要長。

從十九世紀起，法國帶頭推行公制（又叫「公尺制」），呼籲用「公尺」和「公分」來代替傳統的尺寸。二十世紀後半葉，歐洲大部分國家相繼採用公制單位。在此之前，各國尺寸都不一樣，給歐洲人的生產、生活和國際貿易帶來極大的不便，甚至造成了一些安全事故。

一六二八年八月，瑞典建造的「瓦薩」號戰艦首航，裝載了六十四門大炮，這是當時世界上裝備最齊全、武裝程度最高的戰船。但這艘戰艦剛剛出海十幾分鐘，離岸才一千三百多公尺，就在瑞典國王古斯塔夫．阿道弗斯 (Gustavus Adolphus) 和碼頭上圍觀群眾的眼皮底下沉沒了。

「瓦薩」號的沉沒，正是尺寸不統一造成的惡果。一九六一年，人們打撈出這艘戰艦，左舷明顯比右舷更厚、更長。船上遺留的造船工具顯示，負責造左舷的瑞典船工用的是瑞典寸，負責造右舷的荷蘭船工用的是阿姆斯特丹寸，瑞典寸比阿姆斯特丹寸長得多，致使左右兩舷不對稱，重心不穩，海風一吹，船就歪歪斜斜、搖搖晃晃地翻到大海裡去了，船上一百五十名船員當中至少有三十人喪生，最終死亡數字可能多達五十人。

中國尺寸混亂，和官尺不斷膨脹有關，同時也和資訊溝通不暢和商界齊行抬價有關。官尺變了，民尺沒變，官民尺度就有了差異；甲地變了，乙地沒變，區域尺度就有了差異；布行變了，絲行沒變，行業尺度就有了差異。

▲ 瑞典斯德哥爾摩瓦薩博物館陳列的「瓦薩」號戰艦

歐洲尺寸混亂，主要是因為歐洲不統一，各國的地理、歷史、民族、宗教往往不同，經濟發展程度差異更大，甲國用希臘尺，乙國用羅馬尺，丙國用日耳曼尺，丁國用諾曼尺，國與國之間的尺寸當然不一樣。雖然說歐洲大部分國家的傳統度量單位都源於古羅馬，「寸」這個單位都和大拇指有關，但是如前所述，人手有大小，拇指有粗細，甲國用本國君主的拇指寬度做為標準寸，乙國則可能用抽樣調查所得的拇指平均寬度做為標準寸，丁國又將拇指指甲的寬度確定為標準寸，怎麼可能不混亂呢？

尺寸是傳統歐洲最基本的度量單位，尺寸上的混亂自然要引起其他長度單位的混亂。

比如說，英里是較長的長度單位，用來度量速度和距離，它來源於古羅馬，一英里本來是指羅馬士兵行走一千步的距離。這裡的「步」，與古代中國有所不同，古代中國人將雙腳各跨一次的距離稱為一步，古羅馬將跨出一腳的距離稱為一步。雖然說歐洲人比中國人的步幅大，但是羅馬步卻比中國步的實際長度短。

西元前二九年，羅馬統帥馬爾庫斯．阿格里帕 (Marcus Agrippa) 將羅馬里標準化，將一千步等同於五千尺。後來英國繼承了這個標準，一英里也等於一千步或五千英尺。一五九三年，英國女王伊麗莎白一世改革度量衡，一英里還是一千步，卻不再是五千英尺了，而是五千二百八十英尺。伊麗莎白的英里標準並沒有得到所有英國人的承認，她統治英國的時期，北愛爾蘭里是英里的一．二七倍，威爾斯里又是英里的三．八倍。

「里」的差異如此之大，一是因為「步」的標準不一致，二是因為「尺」的標準也不一致。事實上，直到一九五九年七月，英聯邦和美國才達成共識，統一將一尺 (foot) 定為十二寸 (inch)，將一寸定為二．五四公分。而在英、美達成共識時，公制單位早已普及大半個歐洲，傳統尺寸能不能統一已經不太重要了。

袤千仞、袤千丈、袤千尺

傳統尺寸在古代中國也曾經衍生出其他長度單位，包括比「尺」長的「丈」、「引」、「仞」，以及比「寸」短的「分」、「厘」、「毫」、「絲」、「忽」。這些長度單位之間，大多是十進制關係。例如一丈等於十尺，一引等於十丈。再例如一寸等於十分，一分等於十厘，一厘等於十毫，一毫等於十絲，一絲等於十忽。

也有不是十進制的長度單位，「仞」就是一個例子。

「仞」是度量深度和高度的單位，起源於身高，相當於一個成年男子的高度。古人瞧見一條溝，想知道有多深，可能會跳進去估量一下，如果齊腰深，那就是半仞，如果需要兩個人疊羅漢才能與溝齊平，那就是兩仞。同樣的，古人想報出牆的高度、山的高度，也可以採用這種非常粗略的估量方法。《列子・湯問》敘述愚公移山的傳說：「太行、王屋二山，方七百里，高萬仞。」太行山和王屋山方圓七百里，大約有一萬個人摞起來那麼高。

「仞」與另一個長度單位「尋」是等長的，因為尋是雙臂展開時從左手中指尖到右手中指尖的距離，這個距離恰好等於人的身高。讀者如果不信，可以用卷尺幫自己量一下，只要您不是劉備那樣垂手過膝、胳膊特別長的奇人，測量結果是不會差太多的。

人有高矮，仞有大小，為了將「仞」放進長度單位的大家族，為了讓「仞」和其他長度單位扯上關係，古人給出一個明確的定義：一仞等於八尺。不過隨著尺的不斷膨脹，後來一仞又改成七尺。

金庸武俠小說裡，鐵掌幫幫主名叫裘千仞，輕功絕頂，鐵掌霸道，江湖人稱「鐵掌水上漂」，武功僅次於東邪、西毒、南帝、北丐。裘千仞的同胞哥哥叫裘千丈，裘千丈的同胞妹妹叫裘千尺。一丈為十尺，一仞為七尺，尺比仞小，仞又比丈小，所以年齡最大的哥哥叫「千丈」，年齡最小的妹妹叫「千尺」，年齡居中的二弟叫「千仞」。這說明裘千仞的父母很有文化，不然取不出如此貼切的酷名字。更準確地說，是金庸先生很有文化，因為裘氏兄妹的名字都是金庸取的。

仞比尺長，分比寸短。做為長度單位的分，在古代一些木尺上也有標注，但是比分更小的單位就標注不出來了。為啥？因為太過短小，古代的測量工具無法量算，只有理論上的意義，不可能實際測量。

如前所述，十分為一寸，十厘為一分，十毫為一分，十絲為一毫，十忽為一絲。按照康熙年間的官定量地尺，一尺三十二公分，一寸三．二公分，那麼一分就是三．二公釐，一厘就是〇．三二公釐，一毫就是〇．〇三二公釐，一絲就是〇．〇〇三二公釐，一忽就是〇．〇〇〇三二公釐，也就是〇．三二微米。

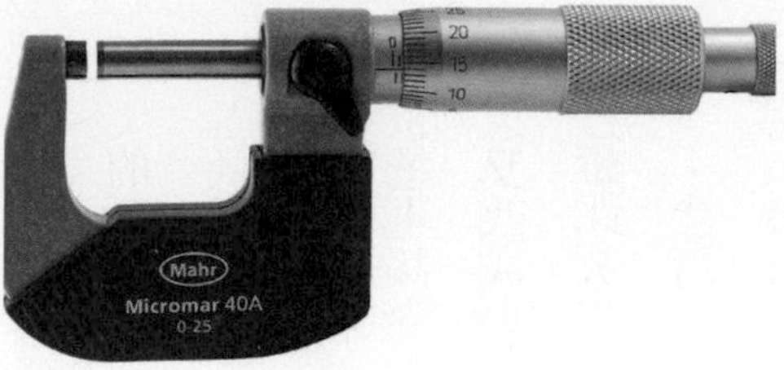

▲ 螺旋測微器，又名「千分尺」

現在的螺旋測微器可以測出十微米的長度，透過估讀才能測到一微米，零點幾微米休想估測。全世界第一個能將測量精度達到微米級別的儀器，到西元一八八四年才由瑞士人安東尼．勒考特（Antoine LeCoultre）發明出來，古代中國人怎麼可能在測量工具上準確地刻畫出「毫」、「絲」和「忽」來呢？

既然測量工具不可能這麼精確，古人搞出這麼瑣碎的細小單位又有什麼用呢？

答案是，這些都是古代官府在賦稅徵收和政績考核過程中，被迫發明的虛擬單位。

比奈米還小的中國尺度

古代朝廷徵收賦稅，需要自上而下分解任務：中央分解到行省，行省分解到府道，府道分解到縣，縣分解到鄉，鄉分解到村，村分解到戶。如此層層分解，一定會把整數單位分解成無比瑣碎的細小單位。

打個比方說，朝廷要徵收一萬丈布，分解到二十個行省，每省要繳五百丈；某省再分解到二十個府，每府要繳二十五丈；某府再分解到五個縣，每縣要繳五丈；某縣再分解到四個鄉，每鄉要繳一．二五丈；某鄉再分解到二十個村，每村要繳〇．〇六二五丈；某村再分解到一百戶，每戶要繳〇．〇〇〇六二五丈。具體到每戶時，賦稅指標成了〇．〇〇〇六二五丈，也就是〇．〇〇六二五尺、〇．〇六二五寸、〇．六二五分。古代中國沒有小數點，想表達出〇．六二五分，只能憑空捏造比分還小的長度單位「毫」、「絲」、「忽」，結果就在基層的賦稅文件上形成「戶均六毫二絲五忽」這樣的表達。

以上比方假定每個層級的賦稅分解都是平均分配，並且都可以整除。實際上，各地人口不等，貧富不均，賦稅分配不可能平均。朝廷收一萬丈布，可能會分給江南某省三分之一的任務，分給西北某省九分之一的任務。拿一萬除以三，除不盡；除以九，還除不盡。戶部官員造帳時，為了做到盡可能精確，只能替江南某省造出三三三三・三三三三三三三丈的指標，替西北某省造出一一一一・一一一一一一一丈的指標，寫在帳面上就是「三千三百三十三丈三尺三寸三分三厘三毫三絲三忽」和「一千一百一十一丈一尺一寸一分一厘一毫一絲一忽」。然後，從省再分解到府，從府再分解到縣，從縣再分解到鄉，小數點後面的位數愈來愈多，連「忽」這種微米級別的單位都不夠用了，還要再造出更加細小的單位。

有沒有更細小的單位呢？還真有。

至少從明朝起，各地賦稅記錄中就出現了「微」、「纖」、「沙」、「塵」、「埃」、「渺」、「漠」等單位。例如嘉靖二年江蘇溧水縣每畝桑田要繳納的絲綢數量是「二尺八寸八分四厘七毫七絲一忽三微三纖三沙三塵三埃三渺」。換算關係是這樣的：十忽為一絲，十微為一忽，十纖為一微，十沙為一纖，十塵為一沙，十埃為一塵，十渺為一埃。按明代官定量布尺等於三四・〇五公分計算，一寸為三・四〇五公分，一分為三・四〇〇三四〇五公釐，一絲為〇．〇〇三四〇五公釐，一纖為三．四〇五奈米，一沙為〇．三四〇五奈米，一塵為〇．〇三四〇五奈米，一埃為〇．〇〇三四〇五奈米，一渺為〇．〇〇〇三四〇五奈米，也就是〇．三四〇五皮米——在這種小到變態的尺度下，我們完全可以清晰地看到一個原子的內部結構。明朝的賦稅竟然精確到了皮米，精確到了原子級別！

皮米是萬億分之一公尺，是迄今為止科學家發明的第二小的長度單位（比皮米更小的長度單位是「飛米」），主要用來計算電磁波的波長和原子的半徑，只有使用最先進的多次反射式光學干涉儀，才有可能測到皮米和亞皮米級別的精度。明朝科技難道比現代科技還要發達？明朝的徵稅官難道被地外文明的高級智慧生命開了外掛嗎？

當然不可能。符合史實的解釋是，古代僵化的指標分解式賦稅徵收制度催生出了看似無限精確的度量單位，而這些看似精確的單位只能保持帳面上的平衡，除此之外沒有任何實際意義。

可能是因為古人好不容易才搞出一套如此精妙的會計單位，所以這些單位被充分運用到幾乎所有的官方帳冊上，除了表示長度，還被用來表示面積、重量、容量和貨幣。

以清代臺灣墾田檔案為例，雍正八年臺灣府報給清廷的墾田數目是「三千三百五十一甲零四毫二絲五忽七微九纖八沙一塵七埃八渺四漠」，雍正十一年報上去的墾田數目是「一百六十六甲一分一厘六毫四絲四忽三微七纖一沙六塵八埃九渺四漠」。在這裡，毫、絲、忽、微、纖、沙、塵、埃、渺、漠，都成了面積單位，所謂「一百六十六甲一分一厘六毫四絲四忽三微七纖一沙六塵八埃九渺四漠」，就是一六六．一一六四四三七一六八九四甲。而「甲」又是臺灣的面積單位，源於荷蘭，鄭成功治臺時期沿用之，一甲約等於清朝的十一畝。

再以光緒七年廣東布政司的帳冊為例，本年瓊州府陵水縣欠缺的農業稅「五分九厘一毫九絲九忽」。在這裡，「分」、「厘」、「毫」、「絲」、「忽」又成了貨幣單位，十錢為一兩，十分為一錢，十厘為一分，十毫為一厘，十絲為一毫，十忽為一絲。換成現在的表達方法，就是說陵水縣還差〇．〇五九一九九兩的農業稅沒有繳納。

〇．〇五九一九九兩的賦稅該怎麼徵收？不可能徵收，它僅是帳面上的一個數字罷了，只為了表明基層官員的會計系統非常精確罷了。一六六．一一六四四三七一六八九四甲的墾田面積又是怎麼測量出來的呢？不可能測量，它也只是帳面上的一個數字，表明臺灣府完美搞定了朝廷分解的墾田任務，既沒有多完成一絲一毫，也沒有少完成一絲一毫。

實際上，大約從元朝後期開始，古代中國的官方會計系統在很大程度上就成了數字遊戲——中央把指標分解到地方，地方無論有沒有完成，都會在帳面上報告已經完成。結果呢？分解的指標精確到奈米以下，上交的報告也精確到了奈米以下，戶部官員與地方官員皆大歡喜，因為他們都從數目字上完成了自己的任務。

黃仁宇先生著《萬曆十五年》，認為古代中國缺乏數字管理。如今看起來，古代缺乏的並不是數字管理，而是真實有效的數字管理。

海底十六萬里

分、厘、毫、絲、忽、微、纖、沙、塵、埃、渺、漠……愈來愈小，愈來愈小，一直小到原子和亞原子的級別。

古人有沒有發明出較大的長度單位呢？

當然有。前面就說過，尋、仞、丈、引，都比尺大，一引等於一百尺。比「引」更大的長度，還有「里」，這是中國人熟知的單位，用來量算距離。

現在的里，又叫市里、華里，一華里等於〇．五公里，也就是五百公尺。但是古代的里有點不同，它像尺寸一樣，在不同的歷史時期具有不同的長度，並且整體上呈現出愈來愈大的趨勢。

先秦時期，一里是三百步；秦漢以後，一里是三百六十步。這裡的步是雙腳各邁一次的距離，相當於現在的兩步。古代漢語中，邁兩腳為「步」，邁一腳為「跬」。《荀子．勸學篇》：「不積跬步，無以至千里。」千里那麼遠的距離，是一步一步累積出來的。

每個人的步幅都不一樣，步不是一個標準長度，但至少從春秋戰國起，古人就試圖將做為長度單位的「步」標準化，規定一步等於八尺。到秦漢時期，又改了規矩，規定一步等於六尺。到隋唐時期，規矩又變了，規定一步等於五尺。

所以，我們可以推算出一套比較粗略的換算關係：

先秦時期，一里等於二千四百尺；從秦漢到隋唐，一里等於二千一百六十尺；隋唐以後，一里等於一千八百尺。

表面上看，里在變小。實際上，里在變大。為何這樣說呢？因為尺的長度變了，尺愈來愈大，導致里的長度也愈來愈大。

我們稍作計算就明白了：

商朝一尺大約十六公分，假如當時就有「里」這個長度單位的話（商朝的「里」很可能不是長度單位），一里等於二千四百尺，等於三萬八千四百公分，等於三百八十四公尺。

▲ 郵票上的「記里鼓車」，這是古代中國用來記錄車輛行駛里程的一種馬車，常用於皇家出行儀仗隊

漢朝一尺大約二十三公分，一里等於二千一百六十尺，等於四萬六千九百八十公分，等於四六九．八公尺。

明朝一尺大約三十二公分，一里等於一千八百尺，等於五萬七千六百公分，等於五百七十六公尺。

你看，從三、四百公尺為一里，到五、六百公尺為一里，里當然變大了。

不過我們需要留意，即使在同一個朝代，也不存在放諸四海皆準的「里」。第一，尺寸很混亂，用尺推算出的里自然也很混亂；第二，各地風俗差異極大，甲地三百六十步為一里，到乙地可能就變成三百步為一里；第三，量算山路距離、平路距離與水路距離時，古人會使用不同的標準——山路一里往往比平路一里短，平路一里又會比水路一里短。

讀者諸君小時候想必看過法國科幻小說家凡爾納（Jules Gabriel Verne）的經典巨著《海底兩萬里》，其實這個中文書名翻譯是不準確的，因為凡爾納說的兩萬里不是華里，也不是公里，而是「里格」。里格的本義是一小時所走的路程，又分為陸地上的里格和海上的里格。在英國，陸地上一里格大約等於三英里，海上一里格大約等於三海里，海里是比英里長的單位，所以海上里格要比陸上里格長一些。在法國呢？陸上里格和海上里格差不多，一里格約等於四公里。

照此標準換算，「海底兩萬里」應該是「海底兩萬里格」，即「海底八萬公里」，也就是「海底十六萬華里」。

比光年還大的印度尺度

中國的里、法國的里格，都不是最大的長度單位。

人類發明的最大長度單位是什麼呢？

大家可能會想到「光年」——光走一年的距離。我們知道，光在真空中的速度每秒將近三十萬公里，每年將近十萬億公里。十萬億公里的級別，當然算很大的長度單位，但還不算最大。

在這顆星球上，迄今為止最大的長度單位是古印度人發明的，叫做「佛剎」，又叫「佛土」。

根據《華嚴經》、《賢劫經》、《無量壽經》等佛教經典的描述，古往今來出現過無數多個佛，每個佛所能影響的空間範圍都被稱為佛剎，每個佛剎都由一千個大千世界組成，每個大千世界都由一千個中千世界構成，每個中千世界都由一千個小千世界構成，每個小千世界都由一千個小世界構成。所以，一佛剎等於一萬億個小世界。

每個小世界又有多大呢？大致是這樣的：每個小世界的中心都有一座須彌山，這座須彌山在海裡扎根，旁邊有一個太陽、一個月亮，四周環繞四塊大陸，稱為四大部洲，包括東勝神洲、西牛賀洲、北俱蘆洲、南瞻部洲。

《西遊記》裡，孫悟空的老家是東勝神洲，豬八戒的老家是西牛賀洲，唐僧的老家是南瞻部洲。實際上，這幾塊大陸的距離非常遙遠，四塊大陸所圍繞的須彌山也非常高大，它在海面以上有八·四萬由旬，在海面以下也有八·四萬由旬，合起來共有一六·八萬由旬那麼高。

「由旬」是一個非常模糊的單位，本義是指上古時期軍隊一天能走的距離，大約相當於四十里（玄奘《大唐西域記》則認為「由旬」應譯為

▲ 四大部洲示意圖，圓心處為須彌山

▲ 西元一世紀古印度人燒製的量器，高二〇·三公分，可容六百毫升，現藏英國倫敦巴拉卡特美術館

「踰繕那」，相當於三十里），粗略來講，可以當成二十公里。

假定一由旬等於二十公里，則一個小世界就有三百三十六萬公里，一個佛土就有三百三十六萬萬億公里。一光年還不到十萬億公里，而佛土竟是光年的幾十萬億倍，把整個銀河系扔進佛土當中，都塞不滿一個小小的角落。

古代中國人發明了比奈米還小的單位，用來填寫華而不實的帳表，無法實際測量。古印度人發明了比光年還大的佛土，能不能用於實際測量呢？同樣不能。

古印度人擅長玄想，他們的想像力汪洋恣肆，幾乎沒有任何邊界，他們想像出一個無邊無際的廣大世界，有助於參禪得道，也有助於推廣佛法。第一，那些用驚人尺度描述的超級空間比較吸引受眾；第二，能讓人們對佛產生敬畏，「天哪，佛陀宣講佛法，竟然能傳遍那麼遠的地方！」第三，還能讓受眾扔掉全世界找佛的幻想，棄惡從善，放下貪念——從娑婆世界到極樂世界要經過幾十個銀河系，走到世界末日也無法抵達，何不從內心做起，心念一到，極樂世界立刻現前。

掂量地球，測量光速

玄想是不能準確測量物體長度的，想知道一個極其龐大的物體究竟有多大，想算出一種極為飛快的運動究竟有多快，只有依靠科學。

最近二百年來，科學家們不僅相對精確地測量出了地球的大小，而且絕對精確地測量出了光的速度。

地球那麼大，怎麼量？拿著尺子一尺一尺地量嗎？那得量到什麼時候？怎樣才能保證測量軌跡始終在一條線上呢？平地還好說，山地怎麼量？海洋怎麼量？南北兩極怎麼量？

科學家的方法是測量出地球的一小部分，再從部分來推算全體。例如古希臘科學家在同一年的同一天的同一個時刻，用同等長度的物體去測量相距千里之遙的兩個地點的太陽高度角。影子愈短，太陽高度角愈大；影子愈長，太陽高度角愈小。有了兩地的距離，有了太陽高度角的差值，根據圓弧、頂角和半徑的幾何關係，可以算出地球半徑。再用地球半徑乘以2π，最終得到整個地球的周長。

近代法國科學家則先打造一條很長很長的鐵鏈，沿著準確的南北方向行進，同時還要不停地觀測太陽高度角，一段一段地量出地球經線一度的長度。這個長度再乘以一百八十，就得到了整根經線的長度。經線長度再乘以二，就是地球的周長。

實際上，地球有兩個周長，一個是赤道的周長，一個是穿過南北極的周長，地球的兩極略微扁一些，赤道略微鼓一些，赤道周長要比兩極周長稍長一些。但是在沒有人造衛星給地球掃描定位的前提下，二百年前甚至二千年的先賢，竟然能用非常簡陋的觀測工具，測量和推算出地球周長的近似值，絕對是非常了不起的成就。

測量光速比測量地球更難。光跑得那麼快，誰能追上去量它？如果使用運動距離除以運動時間等於運動速度的公式來推算，那就需要發射一束光到一個非常遙遠同時又已知距離的地方，發射點站一個人，接收點站一個人，發射方發射這束光的同時掐一下錶，接收方收到這束光的同時掐一下錶，拿已知的距離除以測到的時差，理論上是能算出光速的。但我們知道，光每秒將近三十萬公里！假如用秒錶計時，發射方和接收方至少要間隔三十萬公里，在地球上怎麼能找到相隔如此遙遠的直線距離呢？除非光束繞著地球做曲線運動。但光明明只走直線不是嗎？光線從超大品質的天體附近經過時，倒是會因為超大引力

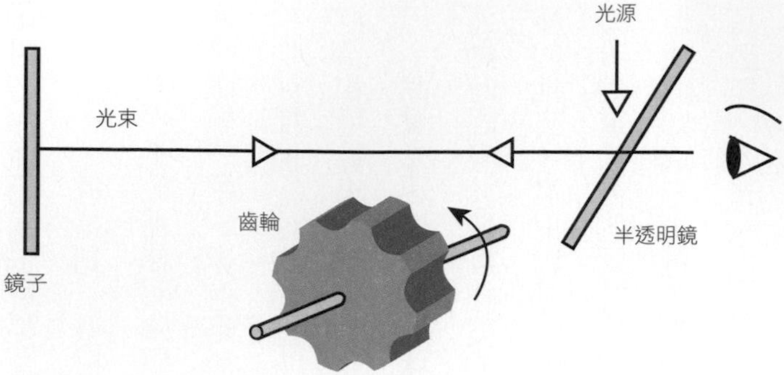

▲ 斐索用旋轉齒輪法測量光速的示意圖

而發生彎曲，但地球明明不屬於超大重量天體啊！

所以光速是很難測量的，只能像測量地球周長一樣，採用間接的方法。

一八四九年，法國物理學家斐索（Armand Hippolyte Louis Fizeau）發明了一個間接測量光速的方法。他全部的測量設備，包括一支蠟燭、兩個透鏡、一個平面鏡、一個齒輪、一架望遠鏡。他把蠟燭放在第一個透鏡的焦點位置，在蠟燭和透鏡之間裝一個齒輪，在透鏡另一側依次放置第二個透鏡和一個平面鏡，平面鏡放在第二個透鏡的焦點位置。

斐索點亮蠟燭，燭光穿過齒輪一個標有記號的齒縫，然後穿過第一個透鏡，變成一束平行光。平行光穿過第二個透鏡，會在平面鏡上聚成一點。平面鏡把光從原路反射回來，反射光射向齒輪。當齒輪靜止不動時，反射光會從那個標有記號的齒縫裡穿過。斐索轉動齒輪，剛開始轉速比較慢，而光速很快，光仍然會通過同一個齒縫反射回來。但當齒輪愈轉愈快，愈轉愈快，反射光抵達那個齒縫時，該齒縫剛好轉過去，光就被擋住了，斐索就看不到那束光了。齒輪轉速繼續加快，快到一定程度時，反射光恰好又穿過下一個齒縫，斐索又看到了反射光。齒輪更快地飛轉，直到反射光能從同一個齒縫反射回來時，就可以用一個簡單公式算出光速。

斐索的計算原理是這樣的：燭光穿過齒縫射到平面鏡上，反射光穿過同一個齒縫被觀察者看到，這一來一回所需的時間記為t；燭光從觀察者到平面鏡往返兩次的距離記為L。拿L除以t，也就是用距離除以時間，得到的結果就是光速。

由於光速太快，一來一回的時間太短，斐索來不及計時。所以他不斷加大距離，直到蠟燭與平面鏡的間距超過七公里，才用秒錶測出了相對準確的時間。這麼遠的間距，肉眼無法觀測，所以斐索還要用到一架望遠鏡。

▲ 一八六二年，傅科利用光反射測量光速的裝置（複製品），現藏法國國立工藝與科技博物館

斐索最後測到的光速是每秒大約三十一萬公里。這個結果和真實的光速相比有一定誤差，但在他那個時代完全可以接受。

斐索之後，又有許多科學家不斷改進測量方法，使得光速測量愈來愈準。一八五一年，法國物理學家傅科 (Jean Bernard Léon Foucault) 發明旋轉平面鏡法，測出光速為每秒二十九萬八千公里；一九三三年，美國物理學家邁克生 (Albert Abraham Michelson) 發明旋轉稜鏡法，測出光速為每秒二十九萬九千七百七十四公里；一九五〇年，英國物理學家埃森 (Louis Essen) 發明諧振腔法，測出光速為每秒二九九七九二．五公里；一九七四年，美國國立物理實驗室又用二氧化碳鐳射譜線的頻率和波長來計算光速，算出光速為每秒二九九七九二．四五九公里。

地球周長的四千萬之一

科學家們絞盡腦汁改進方法，孜孜不倦地研究地球的周長和光線的速度，就在他們的研究基礎上，「公尺」誕生了。

眾所周知，「公尺」是全球公認的長度單位，是國際計量大會確認的七個基本單位之一（這七個基本單位分別是計量長度的公尺、計量時間的秒、計量重量的公斤、計量溫度的克耳文 (Kelvin)、計量電流的安培 (ampere)、計量光強度的坎德拉 (candela)、計量物質量的莫耳 (mole)），其他許多計量單位也與公尺有關，或者直接從公尺衍生得來。例如公里（千米）、公寸（分米）、公分（釐米）、公釐（毫米）、微米、奈米、皮米、飛米，分別是公尺的整數倍或小數倍；公頃、公畝、平方公尺（平方米）、平方公寸（平方分米）、平方公分（平方釐米）、平方公釐（平方毫米）、平方微米，分別是公尺的整數次方或小數次方；還有表示速度的公尺每秒、公里每秒，表示密度的公斤每立方公尺、克每立方公分，以及表示流速的立方公尺每時、立方公尺每秒，表示壓力的公斤力每平方公尺、公斤力每平方公分，都是在公尺和其他相關單位的基礎上誕生的。

這麼多計量單位因公尺而生，公尺又是因何而生的呢？

讓我們從法國大革命說起。

一七八九年，法國爆發革命，革命者推翻了君主政治，還想再推翻傳統的、混亂的、不統一的長度單位。換句話說，法國人不僅要實現人權上的平等，還要實現度量上的平等。法國大革命時期有句宣言是這麼說的：「當擁護平等的人們已立誓無論如何也要消滅暴政時，人們如何能忍受那令人想起可恥的封建奴役的複雜而不便的度量制呢？」

其實混亂的傳統尺寸並不是專制的君主政體所造成，君主政體同樣歡迎更好用的度量衡。早在拿破崙統治時代，法國上層就著手研究十進制的度量衡。一七八四年，法國國王路易十六 (Louis XVI) 曾任命著名數學家和天文學家拉普拉斯 (Pierre-Simon Laplace) 擔任巴黎科學院特別委員會負責人，讓他帶領一幫科學家制定新的度量單位。一七八九年六月，也就是法國大革命爆發前一個月，巴黎科學院已經成立專門小組，正式啟動了創建公制單位的系統工程。法國大革命的功績僅僅在於，它用更激進的熱情加速了公制單位的研究進度。

一七八九年八月，新成立的法國革命政府向數學家拉普拉斯授權，組建了一個「度量衡改革委員會」。

同年十一月，法國革命政府推選出拉普拉斯等十五位院士，組成「技術與職業諮詢局」。該機構在成立幾個月後就制定出長度單位、重量單位和容量單位的標準換算關係。

一七九〇年五月，法國制憲大會通過了《公制法》。

一七九一年三月，巴黎科學院「度量衡委員會」提出方案，要搞出一條「世界各國萬古通用」的標準尺，並決定用地球經度圈（也就是通過南北兩極的地球周長）的四千萬之一做為這條標準尺的長度，該方案最初由法國數學家拉格朗日(Joseph Lagrange) 在一七九〇年提出。

隨後，一群數學家、天文學家和物理學家忙了起來，忙著測量地球經度圈的精確長度。這一忙，就是六年。

六年以後，科學家們完成了測量工作，測出了地球周長，

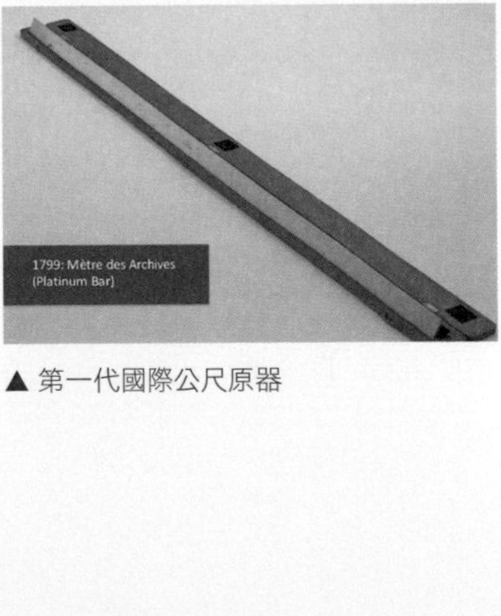

▲ 第一代國際公尺原器

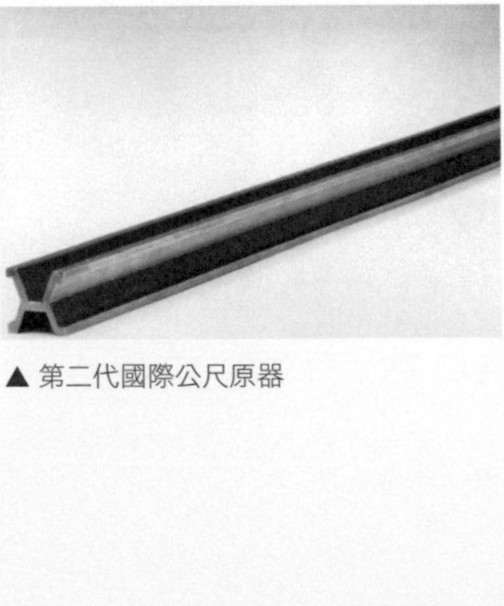
▲ 第二代國際公尺原器

並用經度圈四千萬分之一的長度製作了標準尺，也就是全球第一代「公尺原器」。公尺原器用鉑金製成，寬二十五公釐，厚四公釐，長一公尺。

遺憾的是，第一代公尺原器並不科學。首先是鑄造材料不科學，容易磨損；其次是形態結構不科學，容易變形；再其次，公尺原器是根據經度圈四千萬分之一長度造出來的，而科學家們很快就注意到，經度圈的真實長度比他們當初的測量結果多出八百五十六公尺，導致公尺原器的長度比他們當初設想的理論長度短。短多少呢？拿八百五十六公尺除以四千萬，短了〇．〇〇〇〇二一四公尺，即〇．〇二一四公釐。不過，這個誤差是可以接受的，即使公尺原器的長度完全是理論長度，就憑當時的工業技術，仿照這根公尺原器所生產的尺也會出現〇．一公釐以上的誤差。

一八七二年，法國召開「公制國際會議」，放棄了用經度圈確定標準長度的方法，改用第一代公尺原器來確定一公尺的長度。我們可以這樣理解：不論經度圈測得多麼準，據此製造的公尺原器總會存在製造工藝上的微小誤差，什麼「經度圈四千萬分之一」，讓它滾一邊去，乾脆承認第一代公尺原器的長度就是公尺的標準長度算了。

所以，法國人製造的第二代公尺原器仍然與第一代公尺原器等長（不考慮製造誤差的話）。僅是更換了製造材料、調整了形態結構。第二代公尺原器使用更加堅硬的鉑銥合金鑄造，設計成更加穩固的X形狀。如果把第二代公尺原器切成兩段，斷面就是一個X，彷彿X戰警的武器。

從第二代公尺原器誕生之日起，到二十世紀中葉，經歷了大半個世紀，公制從法國推廣到整個歐亞大陸，許多國家都仿造法國公尺原器鑄造了自己的測量標準器，其中也包括中國。一九〇九年，晚清政府受歐洲各國紛紛鑄造測量標準器的影響，用鉑銥合金製成一副「營造尺原器」。一九二八年，統一南北的南京國民政府廢除營造尺，正式採用公制單位。為了換算方便，南京國民政府還推出了一種與公制單位掛鉤的市尺，規定三市尺等於一公尺。現在中國大陸人和臺灣人所說的尺，指的就是這種市尺。

站在光速之上的公尺

最近二百年來，公尺的長度基本上沒什麼變化，公尺的定義卻完成了兩次飛躍。一公尺本來是地球子午線長度的二千萬分之一，即地球兩極周長的四千萬分之一，地球大小決定了公尺的大小。但是，地球並非一個規整的球體，子午線長度並不是一個恆定數值，在太陽和月亮的引力擾動下，地球的表面總是在緩慢起伏，子午線長度總是有輕微變化，所以用子午線來定義的公尺也是不固定的。一個不固定的長度單位，有什麼資格成為國際單位呢？

所以一九六〇年，國際計量大會再次修改公尺的定義，將一公尺定義為氪－86原子的電子從2p10能級躍遷到5d1能級時所輻射的真空電磁波的波長的一六五〇七六三・七三倍。

氪是一種無色無味的惰性氣體，氪－86是氪的一種同位素，原子核裡有三十六個質子和五十個中子。科學家用氪－86製造原子燈，讓電子受到激發，從2p10躍遷到5d1（不了解電子能級符號的同學可以溫習一下中學物理教材），會發出一種橙黃色的可見電磁波。將這種可見電磁波在真空中的波長乘以一六五〇七六三．七三，非常接近地球周長的四千萬分之一。

與地球周長相比，氪－86電子躍遷的電磁波長要穩定得多，只要是氪－86，只要是從2p10能級到5d1能級的電子躍遷，就一定會輻射出在真空中等長的電磁波。全世界任何一個國家、任何一個機構、任何一個科技從業者或科學愛好者，只要有氪－86原子燈，只要會測量電磁波長，就能得到公尺的精確長度，再也不需要借助公尺原器來校準了。

公尺的第二代定義看起來很精確，但也有它的缺點——測量條件過於苛刻。電子躍遷不是那麼容易就聽人指揮，憑什麼你讓人家從2p10跳到5d1人家就聽你的呢？萬一跳到5d2呢？那樣輻射出的電磁波長可就不標準了哦！

既要保證公尺定義的精確性，又要保證測量條件的普適性，於是乎，第三代公尺定義應運而生。一九八三年，在巴黎召開的第十七屆國際計量大會通過了公尺的最新定義：光在真空中行進二億九千九百七十九萬二千四百五十八分之一秒的距離，等於一公尺。

這個定義有兩個基礎，一是光速，二是時間單位：秒。

真空中的光速恆久不變，可是時間單位呢？我們測量光速的時候，總不能拿一個秒錶來計時吧？無論多麼精確的人造計時器，都存在一定誤差，而如果測量出來的秒有誤差，那麼建立在秒之上的公尺也會有誤差。所以，在替公制定一個精確無誤差的定義之前，我們還必須幫秒制定一個精準無誤差的定義。好在科學家們已經完成這個定義，他們規定一秒等於銫－133原子基態在兩個超精細能級之間躍遷輻射九十一億九千二百六十三萬一千七百七十次所持續的時間。就像氪－86電子在兩個特定能級之間躍遷輻射電磁波的波長恆久不變一樣，銫－133原子基態在兩個超精細能級之間躍遷輻射的頻率同樣恆久不變，不受任何外界條件的影響。

第三代公尺定義出爐前，科學家們測得的光在真空中行進的速度是每秒鐘二九九七九二・四五八公里，這是一個近似值。愛因斯坦告訴我們，真空光速是恆定不變的，無論在地球上，還是在太陽上，抑或在任何一個星系的任何一個星球上，光在真空中的速度都是一樣穩定，一樣精確，既不會快一點，也不會慢一點。換句話說，真空光速是一個完全精確的固定值。但是，過去測量的光速，不管看起來多麼精確，哪怕是精確到小數點後第十位，也是一個近似值。倒不是因為科學家的測量方法太笨，而是因為過去公尺的定義還不夠精確，你用不夠精確的公尺去表達光速，表達結果當然也是不夠精確的。現在好了，第三代公尺定義一問世，光速就有了精確值——在真空中每秒可以行進二九九七九二四五八公尺。

第三代公尺定義把公尺與自然界中最常見、最普適、最恆定不變的光速連在了一起，這樣做至少有三個好處。

第一，全世界任何國家生產尺子時，任何廠家生產標準長度的精密零件時，都用不著再用國際公尺原器來校準，直接拿光在真空中的波長來校準，效果更好，結果更準確；

第二，精確的光速可以衍生出精確的長度單位，公尺、公寸、公分、公釐、微米、奈米、皮米、飛米，每個單位都是精確可控並可以理解的長度，全球工匠和科學家們從此有了通用並最可靠的度量衡語言，檢驗和分享知識成果時再也不會產生誤差；

第三，地球人再也不用擔心公尺原器毀損和丟失，因為我們不再需要公尺的實物，只需要幾個字節的資訊，就能將現代地球人對公尺的定義精確無誤地傳給下一代，甚至還有可能傳遞給地外文明。

地外文明也許在各方面都和地球不一樣，可是光速絕不會變，只要外星人擁有最基礎的數學語言和測量電磁波的能力，他們就一定能理解地球上最基礎的長度單位是怎麼回事，一定算得出地球上的一公尺究竟有多長。

誰擋了公尺的腳步？

外星人存在嗎？也許存在，但是至今還沒有被地球人發現過。

如果外星人存在，如果將來有一天，地球人要和外星人進行星際貿易或開展科技合作，肯定要在度量衡上達成統一。而第一個被統一的度量單位，肯定是公尺。為什麼這樣說？因為公尺是用光速來定義的，而光速在宇宙當中具有普適性。

令我們地球人沮喪的是，甭說和外星人統一度量衡了，就連地球人自己都沒能統一度量衡。公尺、公斤、毫升，這些公制單位已經推行二百多年了吧！時至今日，美國人在日常工作和生活中使用的仍然是英制單位（嚴格講，美國人使用的英制單位與英國人使用的英制單位並不完全相同，應該叫做「美制單位」），例如英尺、英寸、磅(Pound)、加侖、盎司(Ounce)。還有一些國家，兩套度量衡長期並存，例如加拿大分成英語區和法語區，法語區主要使用公制，英語區主要使用英制。日本官方主要用公制，民間沿用傳統的「尺貫」。中國也是一樣，正規場合用公尺，普通場合用尺，嚴謹計算時用公里、公斤和公頃，口頭表達時可能就變成了里、斤、畝。

早在一八七五年，巴黎召開第二屆國際度量衡大會，共有十七個國家參加。哪十七個國家？德國、奧匈、比利時、巴西、阿根廷、丹麥、西班牙、美國、法國、義大利、祕魯、葡萄牙、俄國、挪威瑞典聯合王國、瑞士、土耳其、委內瑞拉。

也就是說，美國在一百多年前就有意向採用公制單位。可是直到本書出版為止，美國也沒有將公制視為法定的度量衡。

▲ 一八七五年，第二屆國際度量衡大會在法國巴黎召開，會議代表在布勒蒂伊教堂前合影

英國沒有參加一八七五年的國際度量衡大會，但英國有意向公制單位過渡的時間更早。從一八六八年起，英國就開始立法推行公制。一九六九年再次宣布，要從一九七五年開始，用六年時間從英制完全過渡到公制，在英國境內完全廢除英制。

現在好幾個六年過去了，英國人日常生活中用的主要還是英尺、英寸、加侖、盎司。不過，英國科學研究領域和工商業領域，公尺、公斤、毫升等公制單位已經成為主流。

日本接觸公制單位也不算晚。明治維新時期，日本從法律上決定採用公制，讓兩套度量衡在日本並行，一套是傳統的「尺貫制」（來自古代中國的度量衡），一套是全新的「米突制」（即公制單位）。可是，尺貫制根深柢固，米突制僅僅在紙面上產生影響，日本民間沒人使用，倒是來自英、美的英制單位讓日本軍方興趣大增。

第一次世界大戰期間，日本做為協約國參戰。一九一七年，協約國成員召開會議，探討各成員國是否統一採用公制，因為雜亂無章的度量衡會給軍事援助造成很大的麻煩。一九一八年，日本決心加大力度推行公制，可惜效果仍然不佳。日本中央度量衡所的所長橘川抱怨道：「陸軍用公制，海軍用英制，陸軍

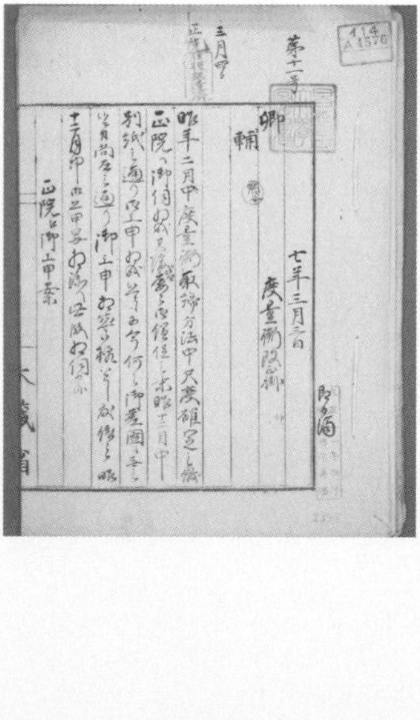

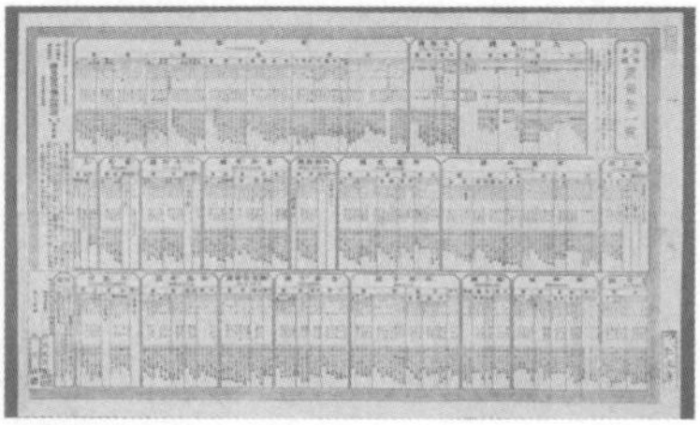

▲ 明治維新時期印發的《海外各國度量衡一覽表》

◀ 明治維新期間，日本政府商討改革度量衡的內部文件

用公里，海軍用英里，而民間則用里和尺，非常不便。」

一九二一年，日本政府頒布《度量衡改正法令》，想全面採用公制。結果呢？民間竟然掀起一場轟轟烈烈的抗爭運動，致使法令被迫擱淺。

到底是什麼因素擋住了公制單位的前進步伐呢？

首先是民間阻力太大。一套度量衡用得久了，就成為社會習俗的一部分，想改變習俗，必然遭遇阻力。另外，公制單位是舶來品，來自歐洲大陸，在那些被歐洲列強欺負過的國家或與歐洲列強打過仗的國家，國民會對公制單位產生抵觸情緒。

其次是因為改制成本很高。在流行英制單位的國家，路標上的里程是英制，儀表上的油耗是英制，教科書上的單位是英制，生產線上的刻度是英制。如果從頭到尾改用公制，那麼路標要換成新的，儀表要換成新的，教科書要換成新的，工業設備更要全部改造，花的錢一定是天文數字。

一九二一年，日本農商務省做過一個預算，僅僅是推廣公制的宣傳經費，就需要一千六百萬日圓。一九七一年，美國國家標準局公制化委員會向國會提交一份報告：假如美國想在十年以內從英制過渡到公制，平均每臺機床要花費四百美元進行改造。

公制單位誕生以前，拿破崙就曾向那些倡議制定全新度量衡的科學家們潑過一盆冷水：「要使古老的民族採用新的度量單位，必須修改一切行政規章和工業標準，這種改革工作讓人難以理解。」這句話隱含的意思是，文明起步愈早、經濟和工業愈成熟的國家，推進全新度量衡的成本愈高。倒是在那些經濟和工業相對落後的國家，可以無所顧忌地砸掉舊框架。例如蘇俄就是這樣——一九一八年蘇維埃人民委員會頒布了推行公制的法令，一九二七年舊俄制就被公制全面取代。

當然，公制單位取代傳統度量衡是大勢所趨，不可阻擋，不管在哪個國家，不管改制成本有多高，不管過渡期有多長，終歸都要採用公制。英國政府已經認識到了這一點，一九七二年二月七日，英國發布的《公制化白皮書》裡有一個相當英明的觀點：「改制費用是一勞永逸的，改制好處是無窮無盡的，如果堅持英制，而把改制工作不正當地推遲下去，那麼丟失的貿易市場和主顧所導致的積累損失，將會構成一個嚴重的事態。」

讓我們用一九九九年發生的兩起航空事故來為《公制化白皮書》提供注腳。

同年四月，從中國上海飛往韓國金浦機場的貨機墜機，事故原因是這樣的：中國用公制單位，韓國飛行員用英制單位，事故當天，這艘貨機升高到三千英尺，上海機場觀測塔發出「上升一五〇〇」的指示，韓國飛行員誤以為只需要上升一千五百英尺（一英尺約等於〇．三公尺），結果進行了危險的低空飛行，導致墜機。

一九九九年九月，美國航空航天局七個月前發射的一艘探測船即將進入火星軌道，地面上的科學家計畫讓它繞著距離火星表面一百六十公里的軌道公轉。按照原先的計算，只要在距離火星一百八十公里時對火箭點火，就可以把探測船送入預定軌道。可是當初製造火箭的美國洛克希德．馬丁公司用英碼為單位，輸入了點火點的數據（一英碼約等於〇．九公尺），美國科學家卻把英碼錯誤地當成了公尺。當科學家認為火箭距離火星一百六十公里時，實際距離只有一四五．六公里。所以，火箭還沒有來得及點火，就被火星引力拽進火星大氣層，隨後發生爆炸。

第三章

一畝有多大？

千年前的賣房合同

西元九七五年，農曆三月初一，敦煌莫高鄉定南坊有一所小院正在出售。這所小院的業主姓鄭，名叫鄭丑撻，他在售房合同上寫道：

定難坊巷東壁上舍院子：
內堂一口，東西並基壹丈貳尺伍寸，南北並基壹丈柒尺玖寸；
又基下西房一口，東西並基壹丈捌尺肆寸，南北並基壹丈叁尺；
又廚舍一口，東西並基壹丈伍尺，南北並基壹丈陸尺；
又殘地尺數：東西叁丈捌尺玖寸，南北貳丈壹尺半寸。
院落門道，東至燒不勿，西至范某信，南至曲，北至街。
維大宋開寶八年歲次丙子三月一日，立契：莫高百姓鄭丑撻。

從合同上看得出來，鄭丑撻這所院子，建在一個名叫定南坊的社區裡，東邊是胡人燒不勿（漢語音譯）的房子，西邊是漢人范某信的房子，南邊是社區小巷，北邊緊鄰大街。

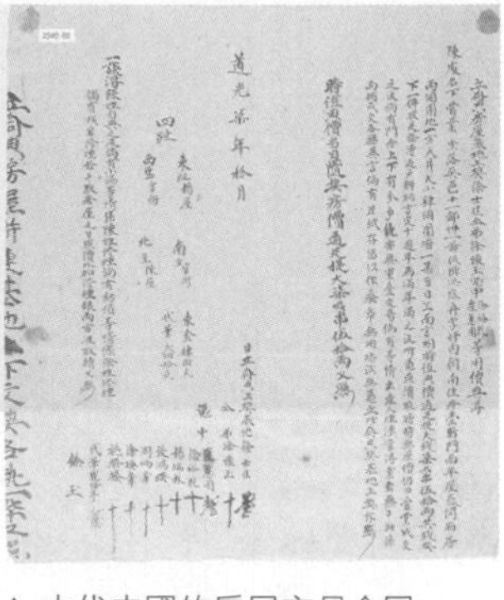

▲ 古代中國的房屋交易合同

院子裡有一所正房（內堂），一所廂房（西房），一間廚房（廚舍）。正房占地，東西一・二五丈，南北一・七九丈；廂房占地，東西一・八四丈，南北一・三丈；廚房占地，東西一・五丈，南北一・六丈。另有空地一小片，東西三・八九丈，南北二・一〇五丈。

假如這幾所房屋的地基和空地都是橫平豎直的長方形，我們可以計算出它們各自的占地面積：正房二・二三七五平方丈，廂房二・三九二平方丈，廚房二・四平方丈，空地八・一八八四五平方丈。簡單相加，得到整座院子的面積一五・二二七九五平方丈，約等於十五平方丈。

現代中國人說到面積，一般會想到平方公尺、平方公里和畝，對「平方丈」這個單位比較陌生。但是，在古代中國，平方丈和畝都是很常用的面積單位，兩者之間有確定的換算關係——六十平方丈等於一畝，或者六十井等於一畝，這裡的「井」就是平方丈。

既然六十平方丈等於一畝，那麼十五平方丈當然是等於〇・二五畝，也就是四分之一畝。鄭丑撻的院子僅僅占地四分之一畝，只能算作小院落。

下面再看一個大院落。

一〇五〇年，一個名叫汪審非的徽州商人為了還債，被迫出售自家的院子，他也寫了一份售房合同。這份合同內容比較長，揀最緊要的摘抄如下：

正房四間，南房兩間，東房兩間，灰草房十間，宅基南北陸丈柒尺，東西拾陸丈肆尺，西南角地壹佰貳拾玖步。

汪審非的房屋不少，院子不小。房屋總共十八間，院子南北六．七丈，東西一六．四丈。假如這所院子也是橫平豎直，則面積是一〇九．八八平方丈，約等於一百一十平方丈。前面說過，六十平方丈等於一畝，則一百一十平方丈等於一．八三畝，將近兩畝。

合同上還有一句：「西南角地壹佰貳拾玖步。」這是什麼意思呢？是說在院子西南側，還有一塊空地，面積是一百二十九步。

「步」是一個很奇怪的單位，在古代中國，它既是長度，又是面積。做為長度，一步等於五尺（隋唐以後的標準）；做為面積，二百四十步等於一畝（春秋戰國以後的標準）。為了避免混淆，下面我們再提到面積單位的步，會寫成「平方步」。

汪審非家院子西南側，共有空地一百二十九平方步，折算成畝，就是〇．五三七五畝，約等於〇・五畝。把這〇・五畝空地加上那將近兩畝的院子，汪審非實際出售的不動產肯定超過兩畝。

超過兩畝，到底是多大面積呢？換算成現在國際通行的面積單位，應該有多少平方公尺呢？

這個其實很難換算。

古代中國的畝，就像尺和寸一樣不斷變化，它在有些朝代很大，在有些朝代很小，在有些區域很大，在有些區域很小，並且在整體上呈現出增大的趨勢。

春秋戰國以前，畝非常小，一畝還不到二百平方公尺。戰國後期，畝突然變大，到秦始皇滅掉六國、統一度量衡的時候，一畝差不多等於四百五十平方公尺。再往後，漢朝一畝大約四百七十平方公尺，魏晉南北朝一畝大約五百平方公尺，隋唐一畝大約七百平方公尺，宋朝一畝回縮到大約五百平方公尺，明清時又增大到六百多平方公尺。一九二八年國民黨政府統一度量衡，讓畝和平方公尺掛鉤，規定一畝等於六六六・六七平方公尺。

畝之所以不斷變化，首先是因為丈量面積的尺度不斷變化。前文說過，古代中國的尺整體膨脹，從商周到明清，三千年之間，一尺從不到二十公分膨脹到三十公分還要多。古人測量面積，尺是最基本的工具，尺變大了，畝安能不大？

其次，古人對畝的定義也有過翻天覆地的變化。戰國時代秦國改革家商鞅曾推翻過畝的定義：在改革前，民間估算土地面積，寬十步、長十步的小塊土地就是一畝；在改革後，寬十步、長二十四步的地塊才能被稱為一畝。

也就是說，商鞅變法前，一畝本來是一百平方步；商鞅變法後，一畝增大到二百四十平方步。商鞅一變法，畝成倍膨脹。

二百四十平方步為一畝，這個標準從秦朝一直延續到清朝，但它只是主要標準，而不是唯一標準。查閱清朝乾隆年間編修的《歷城縣志》，有這麼一段記載：

> 民地之上者曰「金地」，以二百四十步為畝；次者曰「銀地」，以二百八十步為畝；又次者曰「銅地」，以三百六十步為畝；下者曰「錫地」，以六百步為畝；最下者曰「鐵地」，以七百二十步為畝。自銀地以下，皆遞加其步以當金地，乃一例起科也……雜項、教場、坡、房基、宅墓，皆視民田金地，以地之肥瘠，定步之多寡。

山東省歷城縣，官府根據肥沃程度，把農民土地分成五等，最高等是金地，二百四十平方步為一畝；其次是銀地，二百八十平方步為一畝；其次是銅地，三百六十平方步為一畝；其次是錫地，六百平方步為一畝；最差是鐵地，七百二十平方步為一畝。

你看，同樣是一畝地，等級不一樣，大小也不一樣，一畝貧瘠土地的實際面積可能是一畝肥沃土地的兩、三倍。

在古代中國，這種做法並不鮮見。早在明朝萬曆年間，山西汾州丈量農民土地，也把土地分成金、銀、銅、鐵、錫五等，也把貧瘠土地的畝定得非常大。萬曆三十七年（一六〇九年）修編的《汾州方志》記載：「萬曆九年奉例，清丈田畝，將錫、鐵二山田坡地，每四畝折平地一畝。」錫地和鐵地指的是山坡田地，難以耕種，每四畝土地按照一畝來算，稱為「折畝」。

官府為什麼要胡亂修改面積標準呢？主要是為了徵收田賦時做到公平合理。民間耕地差別很大，有的是山地，有的是平地，有的很肥沃，有的很貧瘠。一畝肥田一年可能出產五百斤糧食，一畝薄田一年可能只產一百斤糧食，如果要求這兩畝地的主人各繳五十斤公糧，那樣對薄田的主人就非常不公平。官府把畝的標準一改，薄田的畝變得特別大，肥田的畝變得特別小，名義上每畝每年繳納同樣的公糧，實際上幫助薄田主人減輕了負擔。

千年前的賣地合同

我們再看一份關於土地買賣的合同。

西元九九九年，洛陽農民關廿四出售自家農田，地契上這樣寫道：

> 立絕賣田契人關廿四，今因乏資，願將戶下熟地二段，內收穀三擔一百四十把，賣與□□為永業。立契日一色現錢交領，並無懸欠，空口無憑，立此文據為信。

這位關廿四在合同上並沒有說明他出售的農田共有多少畝，只說「收穀三擔一百四十把」，這是什麼意思呢？

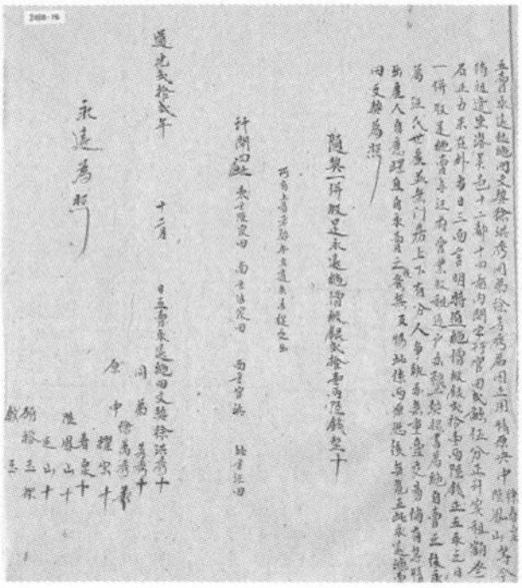
▲ 古代中國的農田交易合同

其實他說的是產量，所售農田的年均產量。三擔一百四十把，其中的「擔」是重量，一擔等於一百二十斤，三擔就是三百六十斤；「把」則等於「捆」，一百四十把就是一百四十捆。古代農民用鐮刀收割麥子或稻子，通常將穀穗連同稭稈一起打成捆，再送到打穀場上攤晒。闗廿四要賣的那兩塊農田（熟地二段），正常年景每年能收穫三百六十斤糧食，以及一百四十捆稭稈。

用產量而不是面積來度量農田，在古代乃至民國早期的民間土地買賣當中相當流行。二十世紀三〇年代，中國地政學院派學員在浙江金華做調查，有這樣一份調查報告：

按民間質劑，不書畝數，而書擔數。所謂「田一擔」者，大率以二畝半為中制。然有以二畝二三分為一擔者，亦有以三畝二三分為一擔者，大小相差幾達一畝。

報告中的「質劑」是一個典故，出自《周禮》，原文是這樣的：「凡賣買者，質、劑焉，大市以質，小市以劑，以質、劑結信而止訟。」意思是說，一切交易都要有合同，合同分為兩種：一種是大宗交易時使用的合同，叫做「質」；一種是小額交易使用的合同，叫做「劑」。買賣雙方簽了「質」或「劑」，就不能再反悔了，這樣可以提高交易的成功率，避免民事訴訟的頻繁發生，有利於社會和諧。簡言之，民間質劑，就是民間交易簽訂的合同。

浙江金華民間買賣農田，合同上不寫畝數，寫的只是產量，一塊耕地進行交易，田主不說賣了多少多少畝，只說賣了多少多少擔。一般來說，一擔相當於二·五畝耕地，但由於土地肥瘠不等，也有二．二畝或二．三畝為一擔的，也有三．二畝或三．三畝為一擔的。同樣的一擔土地，有時指三畝有餘，有時指二畝有餘。

還有更奇葩的交易習慣，連產量都不提，合同上只填寫可以播種的秧苗數量或種子數量。例如清朝同治年間修編的《萍鄉縣志》上記載：

論田數，曰「若干把」，謂蒔秧若干把也，一畝合三十把。安樂鄉人又曰「若干石種」，謂所播之穀種，一石合種田二百把。

清代江西萍鄉農民買賣土地，論「把」計田，這個「把」指的是稻秧，一畝稻田可以插秧三十把，所以農民將三十把當作一畝，將十五把當作半畝，將六十把當作兩畝，將三百把當作十畝，以此類推。又有農民按照稻種數量來計算田地，一石稻種等於二百把稻秧，進而等於六．六七畝稻田。

跳出內地，放眼邊疆，古代西藏地區的傳統則是透過耕牛的辛苦程度來計算田地。西藏歷史文獻《賢者喜宴》記載：「地上六賢王中的第一位王艾雪拉，他的大臣拉布果噶是七賢臣中的第二位，他把雙牛一日內所耕之土地面積稱為一突。」如果這段記載符合史實，那麼早在西元二世紀，西藏人就形成了用兩頭牛的日均耕地規模計算土地面積的傳統。

將產量或耕種數量當作面積，絕對不是中國人的獨創，中世紀歐洲也頗為流行。比如說，美國人現在還普遍使用的面積單位「英畝」，早先並不是一個面積單位，也不是一個精確的單位，本義是指一個成年男子在一頭耕牛的幫助下，一天之內可以耕作的地塊大小。

土地品質有差異，有的好耕種，有的難耕種，所以英畝在不同區域的實際大小存在著天壤之別。十五世紀，愛爾蘭一英畝大約相當於六千多平方公尺，而英格蘭一英畝則有八千多平方公尺。

英格蘭農民計量土地，還會用到一個更不精確的單位：海得 (hide)。這個詞的本義是家庭，後來演變成「養活一個普通家庭所需要的地塊大小」。同樣還是因為土地品質差異巨大，一海得的土地可能是十幾英畝，也可能是

▲《耕田》，中世紀歐洲畫家佩脫拉克 (Francesco Petrarca) 的作品

▲ 距今大約四千年前，西藏新石器時代昌都卡若文化燒製的雙體陶罐，現藏西藏博物館

幾十英畝。

再後來，來自法國北部的諾曼人征服英格蘭，又給「海得」下了一個全新的定義，一海得是指每年能夠收入一鎊金幣的土地。那時候一磅金幣非常值錢，能買二十頭牛。也就是說，如果一個英格蘭農民名下的土地每年收入能換二十頭牛，那麼人們就會說他擁有一海得土地。你看，這和古代中國用糧食產量來計量土地的習慣非常相像。

比較有意思的是，擁有一海得土地的農夫在英格蘭又被稱為 housebond，即一家之主，於是 housebond 這個詞又演變成了 husband——丈夫。

丈量面積有難度

二十世紀早期，海南黎族農民說到較小的地塊，常用「把」、「攢」、「對」、「律」、「拇」等度量單位。其中「把」是雙手併攏能夠捧起的大米數量，六把等於一攢，六攢等於一對，二對等於一律，二律等於一拇。如果有一位黎族農民說，他家有一拇土地，意思就是說他家的土地每年可以收穫一拇大米。一拇是多少呢？就是二律，或者四對，或者二十四攢，或者一百四十四把。一把大米重約一公斤，所以一拇是指每年可以收穫一百四十四公斤大米的地塊。

還是二十世紀早期，青海撒拉族農民計量土地，有一個單位叫「布日苦日六合」，指的是能夠撒播一升種子的

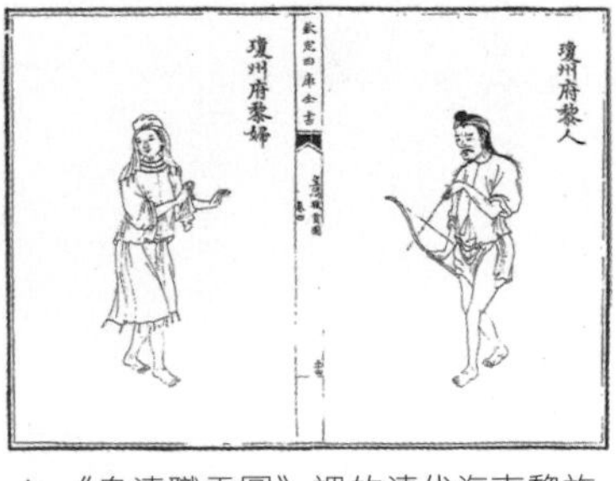

▲《皇清職貢圖》裡的清代海南黎族人民

▲《皇清職貢圖》裡的清代青海撒拉族人民

地塊；還有一個較大的單位「布日達個日」，指的是能夠撒播一石種子的地塊。升和石都是容量單位，十升為一石，當時一升大約相當於九百毫升。

同樣在二十世紀早期，臺灣農民計量土地，有時會用農作物的數量來算。例如有一份臺灣地契上寫道：「土田一丘，受種地瓜二萬五千藤。」意思是說有一大塊農田，不知道具體多少畝，只知道每年能種二．五萬棵番薯。

從中國到英國，從古代到近代，當農民談到心愛的土地，當農田在市場上不斷轉手，為什麼普遍使用產量或播種量來表示大小，而不用精確可靠的面積單位，例如平方尺、平方公尺、平方丈、分、畝、頃、公畝、公頃呢？

原因有三。

第一，對農民來說，土地的價值就是種植莊稼和收穫糧食，一塊地究竟有多大面積並不重要，重要的是它可以播種多少和產出多少。

第二，傳統的面積單位並不像聽上去那麼精確可靠。以畝為例，歷朝歷代的畝都不一樣，同一朝代的畝也不一樣，一畝肥田的實際面積可能只是一畝薄田的三分之一或四分之一，前面已經探討過這一點，對不對？

第三，在現代化的測量工具和數學工具被發明以前，丈量土地面積是一項很難的工作，別說普通農民沒有能力準確量出那些大大小小的地塊面積，就算是張衡和祖沖之那樣偉大的數學家親自出面，也不一定量得出一塊不規整農田的實際面積。如果是長方形、正方形、梯形、三角形和圓形的地塊，只要量出邊長或半徑，再用簡單的公式一套，就能把面積算出來。可是，現實生活中的農田並不都是規則圖形，邊界很可能彎彎曲曲，地面很可能高低不齊，想算出這些地塊的面積，你必須用到微積分。古代中國怎麼會有人懂得微積分呢？

南宋前期，有一個名叫汪大夑的官員讓江南農民報告自家的土地面積，他先下鄉調查了一番，然後向上級彙報：「愚民不識弓步，不善度量，若田少而所供反多，須使之首復，乃可並行。」普通老百姓不認識丈量工具，不擅長計算面積，本來只有十畝地，可能會算成十五畝，必須讓他們多次丈量，反覆修改，才有可能得到相對準確的數字。

實際上，普通百姓固然沒有能力準確丈量面積，即便讓官府來做，即使派出最聰明、最有經驗的差役去丈量，最終也只能得到一個不太準確的結果。南宋筆記《雲麓漫鈔》描寫過當時丈量土地的難處：

有名「腰鼓」者，中狹之謂也；有名「大股」者，中闊之謂也；有名三廣者，三不等之謂也……此積步之法，見於田形之非方者。

有的地塊中間窄兩頭寬，叫做「腰鼓」；有的地塊中間寬兩頭窄，叫做「大股」；有的地塊兩頭不一樣長，中間也不一樣長，叫做「三廣」。像這樣不規則的地塊，只能用「積步」的方法來丈量。

所謂積步，是指分段、分塊去量，將不規則的大地塊盡可能分割成比較規則的小地塊，再一小塊一小塊地累加起來，得到近似準確的總面積。

現在我們科技發達，無論多麼不規則的地塊都可以測量，完全用不著手工計算——手握一臺便攜式GPS，繞著地塊走上一圈，電子屏上就會自動顯示面積。可是GPS才問世多少年呢？古代沒有，近代也沒有，絕大多數農民和測量人員非但不懂微積分，甚至連識字的都不多見，豈能量出每一塊土地的面積？既然面積不好丈量，就只能用產量和播種數量來代替面積了。

我們查考歷朝正史，《食貨志》部分通常有大量的農田面積數字。例如《宋史・食貨志》：「興修水利田，起熙寧三年至九年，府界及諸路凡一萬七百九十三處，為田三十六萬一千一百七十八頃有奇。」意思是說王安石變法時期興修水利，開發出三十六萬一千一百七十八頃水田。一頃等於一百畝，三十六萬一千一百七十八頃即三六一一．七八萬畝。再比如《明史．食貨志》：「二十六年核天下土田，總八百五十萬七千六百二十三頃。」明太祖洪武二十六年（一三九三年），朝廷核查天下農田，全國共有八百五十多萬頃，也就是八．五億多畝。如果古人不擅長丈量面積，這些面積數字又是從何處得到的呢？

其實絕大部分都是農民自己報上去的。

古代朝廷每隔幾十年或十幾年，都可能重新核查一次全國耕地，核查的主要辦法叫做「自實」——讓農民自己核實，報給官府，官府再一級一級上報，最後彙總出一個龐大的數字。

農民自報土地，會不會為了少交賦稅而隱瞞面積呢？完全有這個可能。但是，朝廷也會祭出嚴厲的懲罰手段，對隱瞞土地的農民和地方官府施以重罰，或抄家，或流放，或砍頭，或降級。另外還有一個流傳二千多年的懲罰措施，那就是鼓勵老百姓互相檢舉：假如你的鄰居隱瞞了十畝地，你去衙門舉報，衙門查明屬實，會沒收這十畝地，並將其中五畝分給你，或者抄沒你鄰居的家產，將五〇%的家產分給你。

我們在正史中讀到的那些看起來龐大並精準的土地數字，並不是來自實地測量，而是農民在僥倖和恐懼雙重心理壓迫之下，自下而上申報的成果，與實際面積相差甚遠。

不僅是土地，就連人口也很難做到準確統計。古代中國是全世界最重視人口統計的國家，從秦朝開始，歷朝歷代都留下了人口統計的詳細記錄，但是統計方法和丈量土地一樣，主要靠老百姓自己申報，官府可不會派出那麼多差役上門，挨家挨戶地填寫調查表。在很多朝代，統計到的人口甚至只包含成年人，因為在官府看來，只有成年人可以為國家提供勞役、貢獻賦稅，沒必要統計小孩子。這就像古代農民買賣土地一樣，關注重點是那塊地的產量，而不是面積，以至於合同上根本沒必要標注面積。

度量衡的演化就像生物的演化，優勝劣汰，適者生存

農田交易可以不寫面積，房屋交易還是要寫的，以清朝的幾宗房屋交易為例：

乾隆十六年（一七五一年），天津縣城劉家胡同二道街一所房屋出售，合同上寫明「南房兩間，東房兩間，灰草房十間，宅基南北六丈七尺，東西六丈二尺」。這所房總共十四間，東西六．二丈，南北六．七丈，占地面積大約四十二平方丈，約等於〇．七畝。

▲ 清代北京四合院，鄭晨手繪

咸豐四年（一八五四年），浙江蕭山縣城居民王本仁賣房，合同上寫明「宅基一分，上有坐北朝南大樓屋三間」，占地面積一分，也就是〇．一畝，上蓋小樓一幢，總共三間。

同治十年（一八七一年），北京宛平縣居民阮儉齋賣房，合同上寫的是：「坐落北京中城西坊二鋪大馬神廟西頭路南，門面房四間，裡面正房四間，東西廂房四間，小灰棚一間，西院小廂房一間，宅基東西十五丈，南北九丈四尺。」東西

十五丈，南北九．四丈，占地面積一百四十一平方丈，相當於〇．五八七五畝，上蓋房屋十四間。

你看，這些售房合同不僅要寫房屋間數，還要寫土地面積，完全不像那些農田交易合同，會用年產糧食多少擔、可插秧苗多少把、播種稻穀多少升等資訊來代替面積。

這又是為什麼呢？

因為房屋依附於土地，買房的前提就是買地，土地的形狀決定房屋的格局，土地的面積決定房屋的面積，一所房屋從建造到出售，底下的宅基始終是最關鍵的一環，假如不考慮宅基的位置、形狀和面積，房屋豈不成了空中樓閣？

當然，農作物也依附於土地，但和房屋不一樣的是，農民種植莊稼，追求的只是產量，不需要把注意力放在田塊的位置、形狀和大小上。打個比方：撒哈拉沙漠裡有一塊上萬畝的土地，地面平整，橫平豎直，但是寸草不生；某個小山坡下有一塊零點幾畝的土地，歪歪斜斜，彎彎曲曲，但是種出來的茶樹枝葉繁茂，一年能產幾百斤好茶。假如你是農民，你會選擇哪塊地？你不用回答，我們猜都能猜到。

概括來講，農地交易不寫面積，除了因為丈量時有難度以外，還因為面積並不是最重要的考慮因素，產量才是。而房屋交易就必須寫面積了，因為土地面積對房產交易最重要，所以無論想什麼辦法，都要盡可能準確地把面積丈量出來。

另外還有一項重要原因：農田買賣主要發生在鄉村熟人社會，買家和賣家通常是同一個村子的居民，對各自土地的產量都比較熟悉。即使不熟悉，根據多年來的種田經驗，去實地踏勘一下土壤和水源，再用肉眼估量一下地塊的大小，就能猜出個八九不離十，基本上可以杜絕賣家在契約上虛報產量的可能。而房屋買賣主要發生在城鎮地區，城鎮不是熟人社會，而是契約社會，契約上寫得愈詳細愈可靠。

其實不僅是面積，所有的度量衡單位，以及測定度量衡時可能用到的所有工具，都是我們人類為了實用而發明創造出來的。如果現實生活需要某一種精確的度量，那麼這種度量就會迅猛發展，而那些不夠精確的相關度量就會被逐步淘汰掉。

比如說尺度，先民交換獸皮和粗糙的紡織物，肯定需要用尺度來衡量長短寬窄，但是並不需要特別精確，用手指和胳膊比劃比劃就可以了。帝制時代的人們丈量土地、買賣布匹，也需要尺度來衡量，如果還用手指和胳膊去量，一是麻煩，二是很難做到公正（交易雙方的手臂並不一樣長），於是就需要官府或行業協會出面，制定相對標準的尺子，統一紊亂不齊的尺度。進入現代科技社會以後，科學家觀測原子的半徑，晶片工廠設計和印刷集成電路，對測量精度的需求突飛猛進，傳統的尺、寸、丈、引等尺度單位無一適合，骨尺、木尺、卷尺、卡尺等測量工具也無一能用，於是奈米、皮米、飛米被發明，於是顯微鏡、鐳射尺、原子尺、亞原子尺橫空出世，於是國際社會統一採用公制，於是科學界一再更新公尺的定義。

不過在一些手工製造領域，傳統不夠精確的尺度依然適應生產需要，所以我們選購或訂製衣服的時候，裁縫們還會隨手拿起一條軟尺，為我們量一下腰身和褲長，再報出一個精確到「寸」或「英寸」的測量結果，絕對不需要精確到公釐、微米、奈米、皮米……

度量衡就是這樣，它們的演化就像生物的演化，不斷與外界環境互動，優勝劣汰，適者生存，凡是不再適應環境的都會被淘汰，凡是還能適應環境的，都將繼續存活下去。

第四章

英制，美制，保守主義

蕭邦的姓氏來自一瓶紅酒

弗雷德里克・蕭邦（Frédéric François Chopin），波蘭鋼琴家、作曲家，十九世紀歐洲浪漫主義音樂的代表人物，弗雷德里克是名字，蕭邦是姓氏。

蕭邦為什麼姓蕭邦呢？因為他父親姓蕭邦。他父親為什麼姓蕭邦呢？因為他父親的父親的父親的父親……也就是蕭邦的祖宗，在法國賣過紅酒。

幾百年前的法國，單瓶紅酒的標準容量是一超品（Chopin）。當時法國人說到紅酒，就會想起超品；而說到超品，就能想起紅酒。蕭邦的祖宗既然賣紅酒，所以就把「超品」當作家族的姓氏。後人再把這個姓氏譯成漢語，就成了「蕭邦」。實際上，按照現代漢語讀音，把 Chopin 譯成「超品」並不恰當，譯成「蕭邦」才比較接近。

現在我們知道了，蕭邦的姓氏和度量衡有關，是法國傳統容量單位超品的另一種譯法。那麼這個容量單位到底有多大呢？折算成現在國際通用的毫升，到底有多少毫升呢？

算一下就知道了。

▲ 兩只伏特加酒杯，容量均為一超品

▲ 波蘭作曲家弗雷德里克・蕭邦，他的姓氏來源於容量單位 Chopin

一法國超品等於一・五英制品脫，一英制品脫又等於〇・一二五英制加侖，所以一法國超品等於〇・一八七五英制加侖。

一英制加侖是多少呢？大約是四千五百四十六毫升。所以，一法國超品就相當於八五二・三七五毫升，約等於八百五十毫升。

現在市面上的法國紅酒，單瓶容量通常是七百五十毫升或七百毫升。也就是說，蕭邦的祖上售賣的紅酒，比現在的紅酒要實惠，酒瓶更大，裝得更多。

但我們必須說明的是，將一超品折算成八百五十毫升，完全是根據現代英制加侖與毫升的換算關係來計算。而在幾百年前，並沒有「毫升」這個概念，一加侖的實際大小是不確定的，可能比四千五百四十六毫升略大，也可能比四千五百四十六毫升略小，所以一超品的實際大小並不能十分確定。

做為容量單位，超品已經退出歷史舞臺，現代法國人不再使用，英國人、德國人和美國人也不再使用。事實上，英國人從來就沒用過超品，他們過去常用的容量單位，是品脫 (Pint)、夸脫 (Quart)、波特爾 (Pottle)、加侖 (Gallon)。此外還有更大的容量單位，例如配克 (Peck)、坎寧 (Kenning)、蒲式耳 (Bushel)；以及更小的容量單位，例如大杯 (Cup)、及耳 (Gill)、傑克 (Jack)、小杯 (Pony)。

這些容量單位的換算關係如下：

▲ 從中世紀歐洲流傳至今的幾種常用容量單位

▲ 幾種較大的容量單位

一蒲式耳＝二坎寧
一坎寧＝二配克
一配克＝二加侖
一加侖＝二波特爾
一波特爾＝二夸脫
一夸脫＝二品脫
一品脫＝二大杯
一大杯＝二及耳
一及耳＝二傑克
一傑克＝二小杯
一小杯＝二口

根據以上換算關係，我們可以瞧出兩點端倪：

第一，傳統英制容量單位之間都是倍數關係，典型的二進制；

第二，所有英制容量單位都是建立在「口」之上的。

什麼是「口」？就是一小口。喝一小口紅酒，再吐到量杯裡，這個容量就是一口。不停地喝，不停地吐，一口一口地累加，吐二口是一小杯，吐四口是一傑克，吐八口是一及耳，吐十六口是一大杯，吐三十二口是一品脫，吐六十四口是一夸脫，吐一百二十八口是一波特爾，吐二百五十六口是一加侖，吐五百一十二口是一配克，吐一千零二十四口是一坎寧，吐二千零四十八口是一蒲式耳。

用嘴測度容量，女王惱了

說到這兒，您會覺得噁心——那麼多、那麼高大上的容量單位，竟然要一口一口去量，多不衛生啊！

是的，確實不衛生。

不衛生倒也罷了，最可怕的是不精準。您想啊，人的嘴有大有小，小芳櫻桃小口，一口能吐五毫升；小強血盆大口，一口能吐五十毫升。都是一口，差了十倍。即使是同一個人，每一口也不一樣大：喝清爽啤酒，一口能灌半斤；喝燒刀子，一口最多半兩。還是一口，又差了十倍。

《淮南子》有云：「寸而度之，至丈必差；銖而稱之，至石必過。」一寸一寸地累積，累積到一丈，微小的誤差會變成巨大的誤差；一銖一銖地累積，累積到一石，微小誤差會變成更加巨大的誤差。

寸和丈是古代中國的長度單位，十寸為一尺，十尺為一丈。從寸到丈，要累積一百次，假如每寸有一公釐誤差，那麼每丈就能差出一百公釐，差不多和您的手機一樣長了。

銖是古代中國的重量單位，二十四銖為一兩，十六兩為一斤，一百二十斤為一石（這裡的「石」是「禾石」簡稱，讀ㄕˊ；如果做為容量單位，則讀ㄉㄢˋ）。從銖到石，要累積四萬六千零八十次，假如每銖有一克誤差，每石就能差出四萬六千零八十克，也就是四六．〇八公斤，差不多和極致瘦身的女模特兒一樣重了。

古代英國人把各種容量單位建立在「口」的基礎上，假如每一口只有一毫升誤差，當累積到品脫的時候，誤差三十二毫升；累積到加侖，誤差高達二百五十六毫升；如果累積到蒲式耳，誤差將是二千零四十八毫升。朋友們，二千多毫升，那是什麼概念？相當於三瓶紅酒啊！

設想一下，蕭邦的祖宗用一口一口吐酒的方式替您稱量，您受得了嗎？當然，人家也不可能用這種笨法子，應該是用標準量器去量。問題在於，當時所謂的標準量器，都是建立在「口」之上的，怎麼可能做到「標準」呢？商家拿出來一只量杯，標的是一超品；顧客怕吃虧，也從懷裡摸出來一只量杯，標注也是一超品。兩只量杯一比較，顧客的量杯比蕭邦祖宗的量杯大得多，那怎麼辦？用誰的量杯？您堅持用您的，蕭邦祖宗堅持用他的，於是就爭執起來，紅酒沒有買成，買到一肚子氣。

一五五九年，伊麗莎白一世登上英國女王的寶座，她發現了容量單位既不標準也不衛生的弊端，於是下令廢除用口稱量的野蠻傳統，並讓容量與重量相結合，重新定義英國的容量單位。

伊麗莎白一世是這樣做的：她保留了品脫、夸脫、加侖等

▲ 伊麗莎白一世

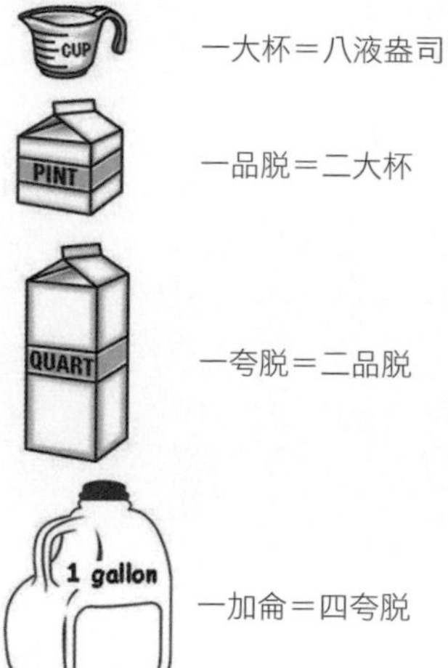

▲ 幾種常用英制容量單位的換算關係

▲ 十六世紀蘇格蘭的木雕扇貝雙耳酒杯，容量為一盎司

傳統單位，但她讓這些容量與「口」脫鉤，與「盎司」結合起來。她規定，一品脫等於二十盎司，一夸脫等於四十盎司，一加侖等於一百六十盎司。

盎司本來是重量單位，一盎司等於三百六十顆大麥加起來的重量。伊麗莎白一世讓人用天平稱重，在一個托盤裡放入三百六十顆成熟、飽滿、晒到乾透的大麥，在另一個托盤裡注入同等重量的清水，再把托盤裡的清水倒進玻璃杯，玻璃杯裡的清水有多少，做為容量單位的一盎司就有多少。也就是說，一盎司既是三百六十顆大麥的重量，又是與三百六十顆大麥等重的一杯水的容量。

盎司確定了，品脫、夸脫、加侖也就確定了。稍做計算就能知道，一品脫的水與七千二百顆大麥等重，一夸脫的水與一萬四千四百顆大麥等重；一加侖的水與五萬七千六百顆大麥等重。大麥有大有小，但是將幾百顆、幾千顆、幾萬顆大麥混在一起稱重，得到的會是平均重量，可以抵消顆粒之間的一些誤差。

伊麗莎白一世用上述方法改革英國容量單位，至少有以下三種好處：

第一，新的容量單位不再需要用嘴測度，更衛生、更精準；

第二，讓容量與重量掛鉤，為進一步統一度量衡奠定了基礎；

第三，大麥是當時歐洲最常見的穀物，是最天然、最公平的容量測定標準，當交易雙方在量度上有分歧時，不用找標準容器，不用找政府裁決，隨隨便便抓一把大麥，找一架天平，簡簡單單測量一下，就能消除分歧，這對促進市場交易非常有幫助。

英國容量統一了嗎？

在伊麗莎白一世之前，就有好幾位英王試圖統一度量衡。

一一九七年，「獅心王」理查一世 (Richard I) 頒布英國歷史上第一個度量衡法令，規定「全英格蘭的所有度量衡都應使用同一標準」。

一二一五年，理查一世的弟弟「無地王」約翰被迫簽署《自由大憲章》，該憲章規定：「全國應有統一之度量衡。酒類、烈性麥酒與穀物之量器，以倫敦夸脫為標準；染色布、土布、鎖子甲布之寬度，以織邊內之兩碼為標準；其他衡器亦如量器之規定。」

從一三二七年到一三七七年，愛德華三世 (Edward III) 在位期間，先後頒布《進口衣裝條例》、《羊毛條例》、《葡萄酒條例》、《鯡魚條例》、《醃魚條例》、《家禽條例》，以及一三八九年理查二世 (Richard II) 頒布《土地丈量標準條例》、《甘草、燕麥和家用麵包條例》，都在重申《自由大憲章》的基礎上，對全國度量衡的標準做出詳細規定。

從一四二二年到一四七一年，亨利六世 (Henry VI) 在位時，英國政府製造出一大批標準的度量衡器具，分別交給各地的市長和警察保管，當交易雙方在度量衡上有分歧時，可以向官方求助，用標準器具來裁決。不過，裁決是需要付費的，交易雙方根據商品的大小、輕重和貴重程度，向官方支付〇・二五便士到一便士不等的裁決費。

從一五〇九年到一五四七年，亨利八世 (Henry VIII) 在位時，英國政府開始強令地方官為民間度量衡器具加蓋印記，凡是和官方標準相差太多的尺子、天平和容器，強制退出市場，不許繼續使用。

從一五五八年到一六〇三年，前面提到的那位女王伊麗莎白一世在位時，英國政府開始在各地市場上專設「市場監督員」這個職位，讓他們控制物價、檢查度量衡。

但是，無論是伊麗莎白一世，還是其他英王，都沒有真正統一英國的度量衡，甚至連容量單位都沒有統一。最典型的表現是，各行業的容量標準不一樣，同樣是一加侖，量紅酒的加侖就和量啤酒的加侖有區別，量啤酒的加侖又和量黃油的加侖有區別，量黃油的加侖則和量穀物的加侖有很大區別。假如說一加侖紅酒有四千毫升，那麼一加侖大麥至少會有四千五百毫升。其他的容量單位，像夸脫、品脫、配克、蒲式耳，也是如此，稱量液體商品的量器總是比稱量固體商品的量器要小一些，結果就在英國和英國殖民地形成了「乾量」和「液量」這兩套標準。

英國容量單位的統一在一八二四年才完成。那一年，英國政府再次頒布度量衡法令，廢除「乾量」和「液量」，統一採用「英制」容量，然後才形成這樣一套沿用至今的容量單位：

一蒲式耳＝四配克
一配克＝二加侖
一加侖＝四夸脫
一夸脫＝二品脫
一品脫＝四及耳
一及耳＝四盎司（液盎司）
一盎司＝八打蘭（液打蘭，Dram）

原先的一些容量單位，例如坎寧、波特爾、大杯、傑克、小杯，從此退出歷史舞臺。

再後來，在法國牽頭下，國際公制委員會成立，國際度量衡大會召開，公尺、公里、克、公斤、毫升、公升，漸漸成為國際通用的公制單位。英國政府與時俱進，將英制容量與公制單位掛鈎，規定一加侖等於四．五四六〇九一八八升，也就是四五四六．〇九一八八毫升。相應的，其他英制容量也都和升和毫升建立了對應關係，雖然說換算起來稍微複雜一些，但是每個容量都清晰可靠，基本上做到了與國際接軌。

美國加侖為何與英國不一樣？

與國際接軌這一點上，美國比英國慢了一大步。

中國的學生初到美國留學，會有許多不適應的地方。比如說買東西，總要不自覺地把物價乘以匯率，把美元換算成人民幣。這還無所謂，可怕的是日常度量單位太複雜了，換算起來簡直是一場災難。

中國用的是攝氏度，美國習慣用華氏度，從華氏度到攝氏度，並不是簡單的加減或乘除就能換算的，需要遵循這樣一套公式：

華氏度＝攝氏度×1.8＋32

攝氏度＝（華氏度－32）÷1.8

試問一下，如果沒有計算機或手機APP幫忙，誰能在調整空調溫度的時候，瞬間算出七十五華氏度究竟相當於多少攝氏度呢？

中國人開車，儀表盤上顯示的是時速多少公里和百公里油耗多少升；美國人開車，儀表盤上顯示的卻是時速多少英里和每加侖汽油能開多少英里。把英里換算成公里，需要乘以一・六〇九三四四，或者簡單一些，直接乘以一・六；可是計算油耗的時候，那才真叫考驗數學程度。

舉一個實際例子，一款美式越野車的平均油耗是一加侖能跑二十二英里，如果想換算成我們容易理解的百公里油耗，首先要把英里轉換成公里：

一英里＝1.609344 公里

二十二英里＝35.405568 公里

然後把加侖轉換成升：

一加侖＝3.7854118 升

最後用油耗除以公里數，再乘以一百：

3.7854118÷35.405568×100≈10.69 升

也就是說，一加侖能跑二十二英里，相當於百公里油耗一〇・六九升。

你看，平常開車出門，看一眼油耗，就要做一番如此繁瑣的計算，糾不糾結？煩不煩人？痛不痛苦？

為了便於計算油耗，動手能力較強的中國留學生會用 Python 語言或 Java 語言寫一些代碼，編譯成能在 Android 系統或 iOS 系統下運行的小程式，安裝到手機上。需要了解油耗的時候，把儀表盤上顯示的數字輸入進去，讓程式幫自己算。

前文說過，英國為了和國際接軌，讓一加侖等於四・五四六〇九一八八升。可是我們剛才把美國油耗換算成百公里多少升，計算規則卻是一加侖等於三・七八五四一一八升！這是為何？

因為美國的加侖和英國不一樣。

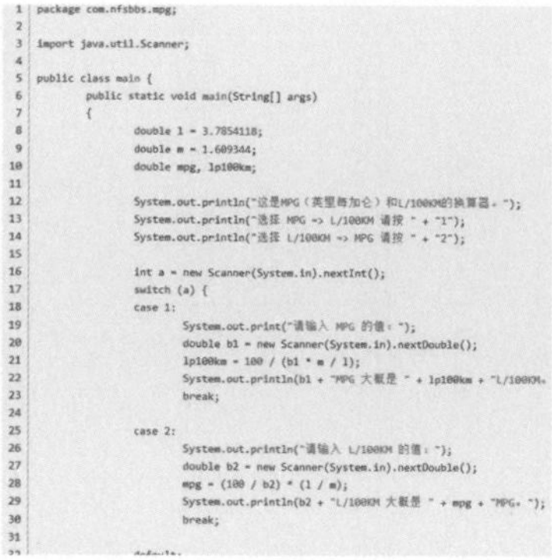

```
package com.nfsbbs.mpg;

import java.util.Scanner;

public class main {
        public static void main(String[] args)
        {
                double l = 3.7854118;
                double m = 1.609344;
                double mpg, lp100km;

                System.out.println("这是MPG（英里每加仑）和L/100KM的换算器。");
                System.out.println("选择 MPG -> L/100KM 请按 " + "1");
                System.out.println("选择 L/100KM -> MPG 请按 " + "2");

                int a = new Scanner(System.in).nextInt();
                switch (a) {
                case 1:
                        System.out.print("请输入 MPG 的值：");
                        double b1 = new Scanner(System.in).nextDouble();
                        lp100km = 100 / (b1 * m / l);
                        System.out.println(b1 + "MPG 大概是 " + lp100km + "L/100KM。
                        break;

                case 2:
                        System.out.println("请输入 L/100KM 的值：");
                        double b2 = new Scanner(System.in).nextDouble();
                        mpg = (100 / b2) * (l / m);
                        System.out.println(b2 + "L/100KM 大概是 " + mpg + "MPG。");
                        break;

                default:
```

▲ 將美國油耗換算成中國油耗的 Java 程式

英國的加侖比較大，從一八二四年至今，一英制加侖始終是四・五升多一點。美國加侖比較小，一美制加侖還不到三・八升。

我們知道，美國是在英國殖民地基礎上建立的國家，美國度量衡源於英國，為什麼美制加侖會不同於英制加侖呢？

英國在一八二四年改革了度量衡，美國卻沒有，仍然沿用了英國改革之前的容量單位。換句話說，現在的美制加侖其實是一八二四年以前的英制加侖。再換句話說，一八二四年是英、美兩國度量衡分道揚鑣的界碑，從這一年開始，英國走上了公制化道路，不斷和國際接軌；美國繼續走保守化道路，守著英國的老傳統不放。

美國拒絕在度量衡上和國際接軌，以至於現代美國的度量衡看起來非常混亂。混亂到什麼地步呢？

首先，還是像一八二四年以前的英國那樣，容量單位分成兩套，既有「乾量」，又有「液量」。

美國的乾量單位主要包括蒲式耳、配克、夸脫、品脫，其中一蒲式耳等於四配克，一配克等於八夸脫，一夸脫等於二品脫；液量單位主要包括加侖、夸脫、品脫、及耳、盎司、打蘭，其中一加侖等於四夸脫，一夸脫等於二品脫，一品脫等於四及耳，一及耳等於四盎司，一盎司等於八打蘭。做為乾量單位，一品脫是五五〇・六一〇四七毫升，一夸脫是一一〇一・二二〇九四毫升；做為液量單位，一品脫卻是四七三・一七六四七三毫升，一夸脫則是九四六・三五二九四六毫升。

其次，美國的容量單位和長度單位之間不能直接換算。

國際通用的公制單位中，容量和長度之間有清晰可靠的數量關係，知道了一個規則容器的尺寸，就能算出它的體積，知道了它的體積，就能算出它的容量。例如一立方公尺就等於一千升，一立方公寸就等於一升，一立方公分就等於一毫升。但是在美國不能這樣算，因為品脫和夸脫這些容量單位都是從中世紀歐洲流傳下來的老一套，是幾百年間約定俗成的慣用容量，既沒有建立在公尺、公寸、公分之上，也沒有建立在英尺和英寸之上。給你一個形狀規則的容器，可以輕鬆測量內壁的尺寸，可以算出它的容積是多少立方公尺或多少立方英尺，能夠容納多少升或多少毫升，卻無法直接算出它能容納多少夸脫、多少品脫、多少加侖、多少盎司。真想計算，倒也算得出來，但是必須借用公制單位做媒介。也就是說，你得先算出它是多少升、多少毫升，然後再根據一升等於多少夸脫、一毫升等於多少盎司的換算關係，再做進一步換算。在換算的時候，還必須用到大量的小數。

最後，美國度量衡單位常常是一詞多義，一個單位既可能是容量，又可能是重量。

例如盎司，做為容量單位，它是一品脫的十二分之一；做為重量單位，它又是一磅的十二分之一（這裡單指常衡盎司）。

再例如打蘭，做為容量單位，它是一液盎司的八分之一；做為重量單位，它又是一常衡盎司的十六分之一。

我敢斷言，讀者諸君如果能堅持讀到這裡，一定會被這些混亂異常的美國度量衡搞得頭大如斗，說不定會有撕書的衝動。不過請您放心，即使是土生土長的美國人，有時候也會迷糊了。別的不說，單說美國學生上課，老師講到度量衡以及不同單位的進位關係，什麼叫乾量單位，什麼叫液量單位，什麼是英制單位，什麼是美制單位，什麼是常衡，什麼是藥衡，什麼是金衡，一美制加侖等於多少盎司，一英制加侖又等於多少盎司，一美制液盎司等於多少毫升，一英制液盎司又等於多少毫升……九九％的美國學生都會昏倒。講課的老師如果不照著講義去念，自己都會說錯，因為這一大坨比亂麻還要亂的數量關係，沒有幾個人記得住。

▲ 哥倫布發現新大陸之前，美洲印加帝國燒製的一組陶製容器，器形規整，圖畫精美，容量單位未知

▲ 兩件砝碼各重一磅，左為金衡磅，右為常衡磅，一八三〇年前後鑄造於英國

美制單位和保守主義

假定有一個美國科學家，手裡拿著幾只量杯，準備配製一種化學試劑。他的量杯外壁上肯定有劃線，假定劃線上標注的容量是盎司、打蘭或比打蘭還要微細的「微量」（一打蘭等於六十微量）。

這位美國科學家肯定非常熟悉美國的容量單位，他知道一盎司等於八打蘭，一打蘭等於六十微量。雖然說這些容量之間都不是簡單的十進位關係，但是用得久了，習以為常，他不用仔細思考，也能輕鬆搞定「六．五盎司相當於多少打蘭」、「三．四打蘭相當於多少微量」，就像現代中國人很容易搞清楚「六．五小時是多少分鐘」、「三．四分鐘是多少秒」一樣。所以，這位科學家配製化學試劑的時候，應該不至於在容量上

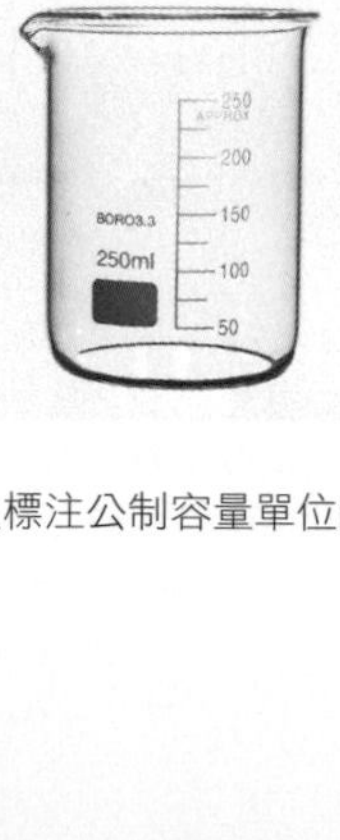

▲ 一只標注公制容量單位的量杯

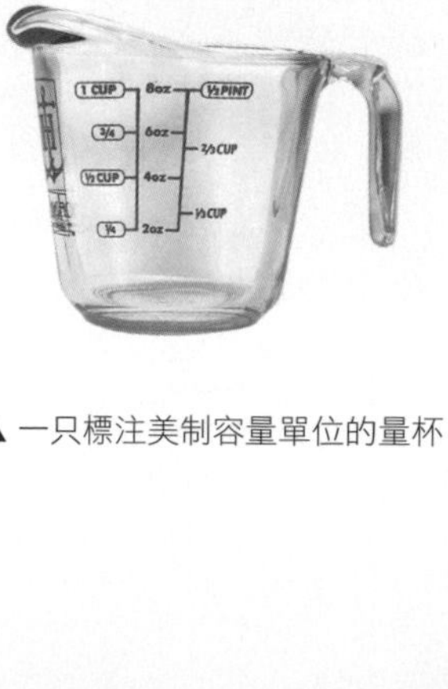

▲ 一只標注美制容量單位的量杯

犯錯。

但是，等他做出成果的時候，等他發表論文的時候，問題就來了。國際學術成果通常使用國際單位，全世界的科學家都用升和毫升，美國科學家憑什麼例外？為了讓國際同行分享你的實驗結論，總得把盎司、打蘭和微量換算成國際單位吧？

怎樣換算呢？當然有一套換算公式：

一美制液盎司＝29.5735295 62毫升

一打蘭＝3.69669119525毫升

一微量≈0.06161毫升

到了微量這裡，已經不是精確值了。但是不要緊，如此微小的劑量，對實驗基本上構不成影響。

根據以上換算公式，美國科學家將實驗時的劑量單位換算成了國際單位，用一大堆小數發表了實驗成果。國際同行讀到他的論文，如果想復現這一實驗，只能再想辦法調整劑量，盡可能地捨去小數。為什麼？因為標注國際單位的量杯很難準確量出「三·六九六六九一一九五二五毫升」這樣變態的劑量。

由此可見，如果美國科學家堅持使用美制單位做研究，那將是國際學術交流的一大障礙。

美國科學家有沒有堅持使用美制單位呢？答案是，一部分用美制單位，一部分和國際接軌。那些不要求精確計量的科學研究，例如人類學、社會學、經濟學，可以採用美制單位；而涉及到高度精密計量的研究，例如生物製藥、基因檢測、航空航天，凡是沒有保守到姥姥家的美國科研工作者，都會採用公制單位。

美國科學界能在度量衡上使用公制，而商業界、工業界和普通老百姓居家過日子，那才叫頑固，絕大部分人都堅決不用公制。

以捐血為例，美國人一次捐血的正常數量是一品脫，約等於四百七十毫升，折算成重量，將近一斤。如果你問採血的護士：「這一品脫是多少毫升？」護士十有八九不知道。如果你再問：「一品脫相當於多少立方英寸？」護士百分百不知道。因為在美國日常生活中，除了新移民，根本沒有人去想這些問題。一品脫就是一品脫，倒在白瓷碗裡大概有一碗那麼多吧？多少毫升？和我有關係嗎？多少立方英寸？品脫是容量單位耶，能和英寸換算嗎？即便能換算，我幹嘛要算？美國人幾百年來都沒有理會過，還不是活得好好的嗎？

再以加油為例，來自中國和法國的新移民習慣用升來計量，但美國加油站標注的都是加侖，你加了十加侖汽油，想算算等於多少升，你自己去算好了，美國人絕對不算，加油站的工作人員也絕對不會幫你去算。

加拿大緊鄰美國，早先是英國和法國的殖民地，所以通行兩套度量衡：英語區用英制度量衡多一些，法語區用公制度量衡多一些。但即便是來自英語區的加拿大移民在美國加油，也會覺得不習慣，因為加拿大的加侖是英制加侖，比美制加侖大一些。英制加侖大約是美制加侖的一・二倍，用慣了英制加侖的車主，到了美國就會覺得汽油不耐燒——明明加了十加侖啊，怎麼還沒過去九加侖跑得遠呢？

無論新移民怎樣抱怨，美國人就是巍然不動，繼續堅守自己獨有的那一套，既不迎合這顆星球上大部分國家都使用的公制度量衡，也不迎合過去宗主國英國和一些英聯邦國家還在使用的英制度量衡。

現在地球上總共兩百多個國家（包括少量有爭議的地區），絕大多數國家都使用公制度量衡。有些國家即使日常生活中還沒能徹底普及，至少也從法律層面上接納了公制度量衡。如今全球只剩下三個比較獨特的國家，既沒有從法律上接納公制度量衡，也沒有在生活中普及公制度量衡，它們分別是緬甸、利比亞，以及超級大國美國。

緬甸和利比亞的全球影響力太小，不必管它，美國為什麼拒絕接受公制度量衡呢？

如果說美國人的生活和工作絲毫不受影響，那絕對是睜眼說瞎話。現在美國的修車工人通常要準備兩套工具，一套是公制，一套是美制，美制工具用來修本國車，公制工具用來修外國車。如果某個修車工人犯暈，沒有看清車輛的款式或工具的制式，一定會跑來跑去折騰老半天，不是扳手型號對不上，就是量油尺對不上，只能乾著急，急得腦袋冒火。

一九九九年，美國國家航空暨太空總署（NASA）鬧過一個低級笑話：發射的火星探測器沒能成功登陸，在接近火星軌道時偏離了軌道，導致探測器燒毀。一查原因，原來工程師在某個關鍵地方忘了把美制單位換算成公制單位，參數設置得過低了。

既然美制度量衡用起來既繁瑣又落伍，為何不改成公制呢？

▲ 一只十英寸（約二百五十公釐）型號的活動扳手，同時標注了美制規格和公制規格

其實美國政府早就做過改革。兩個世紀以前，美國從英國控制之下獨立的當口，剛好碰上法國帶頭搞公制度量衡，美國對此強烈支持，成為全球第一批支持公制的國家之一。兩個世紀以前的美國支持公制，既是因為公制比英制更科學、更好用，也是因為美國想脫離英國的影響，想掃清英國在美國留下的各種殘餘。

但是，美國搞得雷聲很大，雨點很小，僅從貨幣上廢除了英鎊、先令和便士，改用美元和美分。至於度量衡改革，由於南方莊園主和北方實業家的集體反對，沒能推行下去。

二十世紀七〇年代末，吉米・卡特 (James Earl "Jimmy" Carter, Jr.) 當美國總統時，再次倡導在全國範圍內逐步推廣公制，直到完全廢除美制為止。那時候，美國高速公路上豎著的限速牌上，同時標注英里和公里。可是等到雷根總統 (Ronald Wilson Reagan) 一上臺，馬上停止了公制化的進程，標注公里的限速牌也被換掉了，新標牌上只剩下英里數。雷根是以保守著稱的總統，但他成功地連任兩屆，成為美國人最歡迎的總統之一。

說穿了，美國拒絕公制，歸根結柢還是因為人民太保守的緣故。

您可能覺得奇怪：那可是美國，全世界科學技術最先進、軍事實力最強大、經濟實力最強盛、創新頭腦最密集的頭號大國，怎麼能說它保守呢？

這裡所說的保守，主要是指既得利益者對現有格局的保護。美國過去是老大，現在是老大，將來還想繼續做老大，大部分美國人都自豪、自得、自傲於本國現有的地位，都希望能維持現有的世界格局，反對那些能觸動他們利益的變革，哪怕有些變革長遠看來能給美國人帶來無窮無盡的好處，只要變革初期會帶來不爽，他們就拒絕變革。或者用一句大白話說：既然現在這一套還能用，還能讓美國人繼續驕傲下去，幹嘛要換成另外一套呢？換起來多麻煩啊！

從美制過渡到公制，確實麻煩，而且是愈往後愈麻煩。美國建國已有二百多年，這個國家在舊的度量衡基礎上修修補補，已經發展出了全球最強大的工業體系和軍事力量，如果想改成公制，就意味著要完全拋棄現有的工業基礎。從工廠裡價值萬億美金的生產線，到碼頭上數以萬噸計的黃銅砝碼，再到超市裡那些用美制進行測度的各種軟尺、硬尺、鐳射尺、電子秤，統統都要調整或更換。與過渡到公制所帶來的遠期利益相比，目前改革所需要的巨大成本更為明顯，更讓美國人難以承受。

不過話說回來，不管美國人心理有多保守，不管改革度量衡的經濟成本有多巨大，將來美國終究會扔掉現在這一套既複雜又落後的度量衡制度，終究會加入國際公制的大家庭。這是文明發展的必然趨勢，誰都無法阻擋。

這個時間會很長，少則幾十年，多則幾百年。且讓我們拭目以待。

第五章

一升，一斗，二千年歷史

家量出，公量入，田氏代齊

西元前五三九年，齊國大臣晏嬰出使晉國，晉國大臣叔向負責接待。

叔向問晏嬰：「近來齊國發展得怎麼樣？還像以前那樣強盛嗎？」

晏嬰答道：「我們齊國經濟形勢還好，政治形勢有點危險，國君可能要換了。」

叔向很驚訝：「換誰？你們國君年紀輕輕，嗣子尚幼，離傳位還早得很哪！」

晏嬰說：「我說國君要換，不是說傳位給嗣子，而是說傳位給異姓——其他姓氏的人可能會掌管齊國。」

叔向更驚訝了：「你們齊國傳承有序，國運綿長，從姜太公封邦建國算起，到現在差不多五百年了吧，一直都是姜姓為君啊！哪個異姓吃了熊心豹子膽，竟然敢篡權奪位？」

晏嬰嘆了口氣：「哎，現今在齊國，姜姓的威望愈來愈差，田氏的威望愈來愈強了。姜姓向民間放貸，用公量貸出，讓人們用公量償還，平出平進，公平合理；可是田氏更進一步，用家量貸出，讓人們用公量償還，所以民眾歸心，大部分國民都擁護田氏。照這個趨勢發展下去，將來田氏必定取代姜姓，成為齊國的新君。」

聽到晏嬰這些話，您可能不知所云：什麼是「公量」？什麼是「家量」？田氏又是誰？這個田氏用家量放貸，用公量收債，對老百姓又有什麼好處呢？

田氏不是一個人，而是一個家族。這個家族的始祖名叫田完，是陳國君主的兒子。春秋時期，陳國內亂，田完為了逃命，投奔到齊國，做了齊國的官，還娶了齊國貴族的女兒。

田完是齊國的新移民，他的後代成為道道地地的齊國人。這些後代子孫在齊國勤勤懇懇，兢兢業業，官做得愈來愈大，財富積累得愈來愈多，多到富可敵國的程度。

不過，田氏子孫富而好仁，注重打造家族的慈善形象。老百姓來借貸，田氏有求必應，從來不讓人空著手回去。窮人來還債，田氏也不要利息。不但不要利息，甚至還虧本收債——用較大的容量放貸，用較小的容量收債。

齊國稱量穀物，會用到五種容量單位：一是升，二是豆，三是區，四是釜，五是鍾。升最小，鍾最大，豆、區、釜居中。按照齊國官府規定，這些容量單位的換算關係是這樣的：

一鍾＝十釜

一釜＝四區

一區＝四豆

一豆＝四升

中國國家博物館現藏戰國時代齊國的兩件陶器，一大一小。小的叫「陶豆」，有大號飯碗那麼大；大的叫「陶區」，有中號瓦盆那麼大。陶豆高一一．六公分，口徑一四．九公分，實測容積一千三百毫升；陶區高十七公分，口徑二〇．五公分，實測容積四千八百四十七毫升。陶區的容量，差不多是陶豆的四倍，基本符合齊國官府「一區等於四豆」的規定。

假如以陶豆的實測容積為準，一豆為一千三百毫升，根據齊國官府規定的換算關係，可以算出各種容量分別相當於多少毫升：

一鍾＝二十萬八千毫升

一釜＝二萬零八百毫升

一區＝五千二百毫升

一豆＝一千三百毫升

一升＝三百二十五毫升

我們可以把以上這些視為齊國標準量器的容量，也就是晏嬰所說的公量。公量之外，還有家量。所謂家，就是家族。田氏家族用的量器，和齊國的標準量器有所不同，他們的升、豆和標準量器一樣，區、釜和鍾則變大了。

田氏家族規定：

一鍾＝十釜

一釜＝五區

一區＝五豆

一豆＝四升

我們不妨再計算一下。田氏家量的升、豆都和公量一樣，一升是三百二十五毫升，一豆是一千三百毫升。但因為田氏家量的一區為五豆，一釜為五區，所以他們的一區應該是六千五百毫升，一釜應該是三萬二千五百毫升。一鍾呢？自然是三十二萬五千毫升。

下面列出田氏家量分別相當於多少毫升：

▶ 戰國時齊國量器：銅釜。現藏中國國家博物館，高三八．五公分，口、腹、底徑分別為二二．三公分、三一．八公分、十九公分。小口深腹，平底，兩側有耳。腹壁刻銘文九行、一百零八字。此釜是子禾子當齊侯之前鑄造的「家量」，與諸侯王製作的「公量」有別。銘文刻載了該釜容量大小的參照標準

◀▲ 戰國時齊國量器：陶豆。現藏中國國家博物館，高一一．六公分，口徑一四．九公分，容積一千三百毫升。深腹廣口，口沿有缺，外壁有兩處印文，其中一處陽刻「公豆」二字。當時齊國有豆、區、釜等容量單位

▼ 戰國時齊國量器：陶區。現藏中國國家博物館，高十七公分，口徑二〇．五公分，容積四千八百四十七毫升，廣口深腹，腹部有繩紋，外壁戳印銘文兩處，其中一處陽刻「公區」二字。「區」為齊國量制單位，「公」意即官府所製

一鍾＝三十二萬五千毫升
一釜＝三萬二千五百毫升
一區＝六千五百毫升
一豆＝一千三百毫升
一升＝三百二十五毫升

齊國公量區是五千二百毫升，田氏家量區是六千五百毫升，相當於公量的一．二五倍；齊國公量釜是二萬零八百毫升，田氏家量釜是三萬二千五百毫升，相當於公量的一．五六倍；齊國公量鍾是二十萬八千毫升，田氏家量鍾是三十二萬五千毫升，仍然相當於公量的一．五六倍。

齊國君主放貸，公量貸出，公量收進，這叫「平出平入」；田氏家族放貸，家量貸出，公量收進，這叫「大斗出，小斗入」。誰對老百姓更大方？誰在做慈善事業？當然是田氏。

田氏比齊國君主更得民心，晏嬰才會認為田氏將要取代齊國君主。

晏嬰的預測有沒有變成現實呢？有。西元前三八六年，田完的後人田和得到周天子和諸侯的認可，正式成為齊國君主，在齊國傳承了六、七百年的姜姓政權從此被田氏政權徹底取代。

這一年，距離晏嬰出使晉國、向晉國大臣叔向透露齊國君主將要被異姓取代的時間，相隔已有一百五十餘年。我們可以看出，晏嬰有多麼高瞻遠矚。也可以看出，田氏家族為了奪取齊國政權，有多麼深謀遠慮。

書中自有千鍾粟，一鍾到底是多少？

鍾是齊國最大的容量單位，也是其他諸侯國最大的容量單位。

陝西咸陽博物館現藏一件銅鍾，是戰國時代魏國的量器，小口大腹，器身修長，像一尊超大號的花瓶，高五十六公分，口徑十九公分，腹圍一百一十六公分，實測容積二萬六千四百毫升。器身有銘文：「安邑下官鍾，七年九月……十三斗一升。」

根據銘文，這件銅鍾的實際容量遠遠不到一鍾，僅有「十三斗一升」。

十三斗一升又是多少呢？

斗不同於豆。豆是春秋初期就有的容量單位，公量一豆等於四升；斗是春秋晚期才出現的容量單位，公量一斗等於十升。十三斗一升，那就是一百三十一升。

前文說過齊國公量的換算關係：一鍾為十釜，一釜為四區，一區為四豆，一豆為四升。推算可知，一鍾等於六百四十升。

前文還說過田氏家量的換算關係：一鍾為十釜，一釜為五區，一區為五豆，一豆為四

▲▶ 戰國時楚國量器：銅斗。現藏湖南省博物館，高十三公分，口徑十五公分，實測容積二千三百毫升。外壁一側方框內有篆體銘文六行，共五十八字

▲◀ 戰國時魏國量器：安邑下官銅鍾。出土於陝西咸陽塔爾坡，現藏咸陽博物館

▼▶ 戰國時代青銅豆，現藏臺北國立故宮博物院，高一九．九公分，腹徑二二．一公分，容量未知

▼◀ 戰國時楚國銅斗銘文：「郾（燕）客臧嘉聞（問）王於菽（紀）郢之歲，亯（享）月己酉之日，蘿莫敖臧無，連敖屈上，以命攻（工）尹穆丙，工差（佐）競之， 集尹陳夏，少集尹龔賜，少工佐李癸，鑄廿金刖（篇），以賹秙爵（筲）。」內容涉及賦稅徵收、俸祿發放，以及官吏鑄造標準量器之事

升。推算可知，一鍾等於一千升。

我們不知道戰國時代魏國通行的是公量還是家量。假如按公量，一鍾為六百四十升，而這件魏國「安邑下官鍾」可容一百三十一升，那就是〇．二鍾。〇．二鍾的實測容積是二萬六千四百毫升，那麼魏國一鍾的容積就是十三萬二千毫升。假如按家量，一鍾為一千升，則安邑下官鍾僅有〇．一三鍾。〇．一三鍾的實測容積是二萬六千四百毫升，則魏國一鍾的容積應該是二十萬三千零七十六毫升。

齊國公量一鍾是多少呢？二十萬八千毫升；家量一鍾又是多少呢？三十二萬五千毫升。而魏國的鍾要小得多，無論按公量推算，還是按家量推算，都比不上齊國鍾。這說明春秋戰國時代，諸侯國之間的容量並不統一。所以秦始皇統一六國以後，才有必要統一度量衡。

但不管在哪個諸侯國，鍾都是一個很大的容量。《周禮．地官．廩人》描述過古人的飯量：「凡萬民之食，食者人四鬴，上也；人三鬴，中也；人二鬴，下也。」在這裡，「鬴」是「釜」的通假字。這段話意思是說，一個成年人每月吃掉四釜糧食，屬於大飯量；每月吃掉三釜糧食，是中等飯量；每月只吃兩釜糧食，屬於很小的飯量。一釜是多少？一鍾的十分之一而已，一個成年大飯桶一個月才能吃完四釜，還不到一鍾的二分之一。推而論之，一鍾糧食可以讓一個成年人吃好幾個月。

一鍾糧食到底有多重呢？我們不妨估算一下。

前面已經推算出魏國鍾的最小容積，一鍾僅有十三萬二千毫升。春秋戰國時代，中原地區的主食是粟米（俗稱穀子、小米），而粟米的密度大約是每毫升一．二克，十三萬二千毫升小米大約重十五萬八千四百克，也就是一五八．四公斤。

假如按照齊國田氏家量的高標準來算，一鍾有三十二萬五千毫升，全部盛上粟米，能盛三十九萬克，也就是三百九十公斤。

一鍾粟米的重量在一五八．四公斤到三百九十公斤之間，那麼〇．四鍾粟米的重量自然是在六十三公斤到一百五十六公斤之間。《周禮》上說，一個大飯量的成年人每月可以吃掉四釜也就是〇．四鍾糧食，像這樣的食量放到今天，仍然是大飯量。

《史記．魏世家》記載：「魏成子為相，食祿千鍾。」戰國時期，魏文侯的弟弟魏成子當丞相，每年的俸祿是一千鍾糧食。

魏晉以前，中原王朝為百官發放俸祿，一向以粟米為基準。如果發的是銅錢、金銀或其他穀物，也要折算成粟米。所以，魏成子年俸一千鍾，是說他每年可以領到一千鍾粟米，或者每年領到的俸祿相當於一千鍾粟米。

一千鍾粟米有多重？很簡單，按一鍾粟米只有一五八．四公斤的最低標準來算，一千鍾就是十五萬八千四百公斤，將近一百六十噸；如果按一鍾粟米三百九十公斤的最高標準來算，一千鍾就是三十九萬公斤，將近四百噸。

魏成子出生之前幾十年，正是孔夫子周遊列國的時候。孔子做官的時間沒有魏成子長，但是同樣有過一千鍾粟米的高收入。

《孔子家語．致思》收錄了孔子向弟子們講的一段話：

> 季孫之賜我粟千鍾也，而交益親；自南宮敬叔之乘我車也，而道加行。故道雖貴，必有時而後重，有勢而後行，微夫二子之貺，則丘之道，殆將廢矣。

▲ 漢代畫像磚：孔子乘坐馬車周遊列國

▲ 漢代銅鍾，現藏臺北國立故宮博物院，腹徑三六．二公分，高四四．六公分

▲ 北京故宮南薰殿帝王畫像：宋真宗

孔子說，魯國貴族季孫氏曾經賞給他一千鍾粟米，另一個貴族南宮敬叔曾經贈給他一輛馬車。假如沒有季孫氏的打賞和南宮敬叔的饋贈，他將沒有機會周遊列國、宣講學說，他的政治主張和學術思想可能就要悄無聲息地淹沒在歷史長河裡了。

有一首非常著名的詩，出自宋真宗〈勸學篇〉：

富家不用買良田，書中自有千鍾粟。
安居不用架高堂，書中自有黃金屋。

詩意大概是說，你想變成富人嗎？不用買地出租，只要讀書學習，就有機會得到千鍾粟米的高官厚祿；你想擁有豪宅嗎？不用花錢蓋房，只要讀書學習，就有機會擁有雕梁畫棟的高堂華屋。

宋真宗當然是生活在宋朝，其實在他那個時代，中國容量單位裡早就沒有了「鍾」，取而代之的是「石」。但是，千鍾粟在歷史上太有名了，在漢文化的語境裡已經成了「高官厚祿」的代名詞，所以宋真宗會把「千鍾粟」做為誘餌，勸導士人用功讀書、報效朝廷。

戰國時代的國際計量會議

孔子是魯國人，魯國貴族季孫氏賞他一千鍾粟米，用鍾來計量；魏成子是魏國人，魏國君主給他一千鍾年薪，也是用鍾計量。不過，墨子的一個門生在衛國做官時，俸祿卻是用盆來計量的。

我們知道，墨子是戰國時代著名的思想家、發明家和教育家，門下弟子遍及天下，很多高足都被他送到不同的諸侯國做了官。墨子師徒編撰的《墨子》一書記載了這麼一個故事：

子墨子仕人於衛，所仕者至而返。子墨子曰：「何故返？」

曰：「與我言而不當。曰待汝以千盆，授我五百盆，故去之也。」

子墨子曰：「授子過千盆，則子去之乎？」

對曰：「不去。」

子墨子曰：「然則非為其不審也，為其寡也。」

墨子把一個學生送到衛國當官，那個學生沒幾天就回來了。

墨子問：「為什麼回來？」

學生說：「真氣人，衛國人說話不算話，說好了給我一千盆的俸祿，結果卻給我五百盆！」

墨子又問：「如果給你的俸祿超過一千盆，你還會回來嗎？」

學生說：「那肯定不回來。」

墨子笑道：「哦，你之所以回來，原來並不是因為人家說話不算話，而是因為俸祿太少啊！」

這個故事裡，「盆」做為容量單位，在先秦文獻裡並不多見。一盆有多少？大盆還是小盆？一千盆粟米和一千鍾粟米相比，哪個給的多？這些都不可考。

好在可以估算出來。戰國時代的另一個思想家荀子在《荀子．富國》中寫道：「今是土之生五穀也，人善治之，則畝數盆。」荀子的意思是說，如果一個農民辛勤耕種，並且擅長管理農田的話，一畝耕地一年可以收穫幾盆糧食。

戰國的畝比較小，糧食產量也比較少，據吳慧《中國歷代糧食畝產研究》一書考證，戰國晚期每畝耕地年產粟米大約一百公斤。我們把這一百公斤做為荀子所說的「數盆」，則一盆至少能盛粟米十公斤以上。一千盆至少能盛一萬公斤，即十噸；五百盆至少能盛五千公斤，即五噸。

衛國本來承諾給墨子的學生十噸以上粟米，後來只給五噸以上，打了對折。墨子的學生當然不高興，當然要打包走人。

引用這個故事，並不是要證明墨子的學生沒有孔子收入高，更不是想證明墨家沒有儒家受歡迎。我們想說的是，春秋戰國的容量不統一，有的國家用鍾發俸祿，有的國家用盆發俸祿。

讀者諸君如果有心查考，可以留意一下《左傳》和《戰國策》裡諸侯為大臣發放俸祿的相關記載，應該能總結出如下規律：

齊國、魏國和魯國用鍾，秦國和趙國用石，衛國用的是盆，楚國用的則是擔。鍾、石、盆、擔是當時各國常用的不同度量衡。

度量衡不統一，交易就會受阻礙。像呂不韋那樣的大商人，生意做得大，經常跨國販運，假如他把幾十車糧食賣到齊國，得用鍾稱量；賣到衛國，得用盆稱量；賣到楚國，得用擔稱量。如此交易，相當麻煩，急需國君出面，在諸侯國之間統一度量衡。

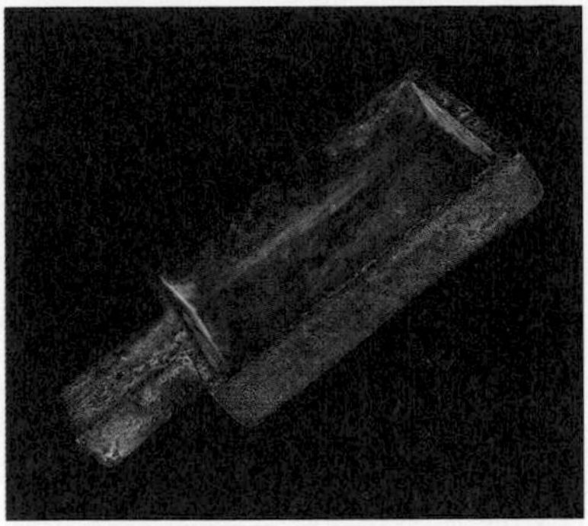

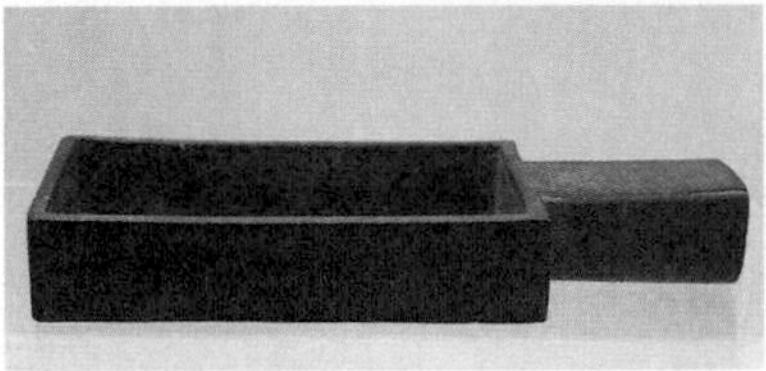

▲▶ 秦代量器：陶量。出土於山東鄒縣，現藏山東博物館。該器用細泥灰陶土燒製，質地堅硬，平底廣口，高八公分，口徑一六・八公分，容積一千毫升。外壁戳有十個方印，組成秦始皇二十六年（西元前二二一年）統一度量衡詔書

▲◀ 秦國商鞅銅方升

▼▶ 戰國時韓國量器：木斗。出土於河南登封告城古陽城煉鐵遺址，現藏中國國家博物館。高一一・四公分，內深九・八公分，口、底內徑分別為一四・七公分、一四・八公分，壁厚一・二公分，底厚一・六公分，實測容積一千八百六十毫升，推知韓國一升為一百八十六毫升

▼◀ 秦始皇銅方升，現藏上海博物館。此升與商鞅方升形制相同，尺寸接近，應是仿制商鞅方升而鑄造，較商鞅方升深度多〇・二公分，容積比商鞅方升略大。外壁一側刻秦始皇二十六年（西元前二二一年）統一度量衡詔書

秦始皇統一度量衡，人所共知，但是很少有人知道，早在秦始皇之前，秦國和齊國就嘗試統一度量衡了。

西元前三四四年，齊國派代表團來到秦國，與秦國當時主持變法的大臣商鞅商討了統一度量衡的意見和辦法。

上海博物館現藏一件秦國青銅器，名曰「秦國商鞅銅方升」。這件器皿方形有柄，全長一八・七公分，寬六・九七公分，深二・三二公分，實測容積二百零二毫升。器身左壁有銘文：「十八年，齊率卿大夫眾來聘。冬十二月乙酉，大良造鞅……壹為升。」意思是說，秦孝公十八年（西元前三四四年），齊國派使臣到秦國，商討度量衡改革事宜。這年臘月，大良造（秦國的一種高級爵位）商鞅奉秦王之命，鑄造了這件量器，以此做為一升的標準容量。

西元前二二一年，秦始皇滅六國，統一度量衡，並沒有另起爐灶，再搞一套新的度量，而是把商鞅鑄造的標準量器當作標準，在秦國和六國故地推而廣之。

上海博物館還有一件「秦始皇銅方升」，也是方形有柄的容器，長一八・七公分，寬六・八九公分，深二・五一公分，實測容積二一五・六五毫升。這就是秦始皇統一度量衡時期鑄造的標準量器，無論是形制，還是大小，都是對商鞅銅方升的模仿。

商鞅方升的容積是二百毫升多一點，秦始皇方升的容積也是二百毫升多一點，說明秦始皇統一度量衡前後，秦國一升的標準容量應該就在二百毫升以上。

最近幾十年，湖南出土過楚國的量器，河北出土過趙國的量器，河南出土過韓國的量器，根據器身銘文和實測容積推算，楚國一升應為二百二十毫升以上，趙國一升則是一百八十毫升以下，韓國一升應該在一百八十毫升左右。

「升」是春秋戰國最基本的容量單位，知道了一升有多少，就能知道一斗、一豆、一區、一釜、一鍾各是多少。因為按照春秋時期的公量，一斗為十升，一豆為四升，一區為十六升，一釜為六十四升，一鍾為六百四十升。

有沒有比升還小的容量單位呢？有。從西漢開始，中國容量單位裡又增添了「龠（讀ㄩㄝˋ）」和「合（讀ㄍㄜˊ）」，兩龠為一合，十合為一升。換句話說，合比升小十倍，龠比升小二十倍。

但是，直到秦始皇統一度量衡的時候，龠和合還不是容量單位，最基本的容量始終是升。

英國容量源於口，中國容量源於手

升是怎樣成為容量單位的呢？

漢代訓詁學著作《小爾雅》提供了一種解釋：「一手之盛謂之溢，兩手謂之掬。掬，一升也。」用手去撈水，單手能容的水量叫做「溢」，雙手合捧的水量叫做「掬」。掬，就是升，升這種容量來源於雙手合捧。

本書第四章追溯過英國容量單位的由來，加侖、夸脫、品脫、坎寧、蒲式耳，這些容量都建立在口上。不停地喝酒，不停地吐到容器裡，吐兩口是一小杯，吐四口是一傑克，吐八口是一及耳，吐十六口是一大杯，吐三十二口是一品脫，吐六十四口是一夸脫，吐一百二十八口是一波特爾，吐二百五十六口是

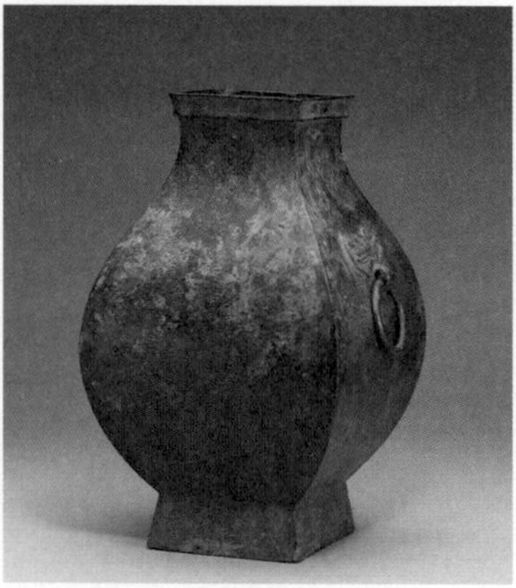

▲ 漢代銅鈁，這是用來儲存酒水的容器，現藏臺北國立故宮博物院，長寬各二十二公分，高三六．二公分，銘文顯示可容四斗五升

▲ 王莽鑄造的「五合一」標準量器：新莽銅嘉量。可以測定龠、合、升、斗、斛五種容量，現藏臺北國立故宮博物院

▲ 王莽改革度量衡時的標準量器：銅方斗。全長二三·九二公分，高十一公分，口長一四·七五公分，寬一四·七七公分，容積一千九百四十毫升

一加侖……

再看春秋戰國的容量單位，統統建立在手上。用雙手捧水或捧糧食，往容器裡裝，一捧是一升，四捧是一豆，十捧是一斗，十六捧是一區，六十四捧是一釜，六百四十捧是一鍾……

英國伊麗莎白一世改革度量衡，重新釐定容量單位之間的換算關係，並且讓容量與重量相結合。她規定一品脫等於二十盎司，一夸脫等於四十盎司，一加侖等於一百六十盎司。一盎司呢？則是與三百六十顆大麥等重的水容量。

秦始皇統一度量衡，並沒有把容量和重量結合起來，僅僅是在商鞅銅方升的基礎上，重鑄了一批標準量器。

在容量與重量之間打通壁壘，真正從理論高度上統一度量衡，那是漢朝著名外戚大臣、後來篡漢自立、新朝皇帝王莽所完成的工作。

《漢書・律例志》記載：

量者，龠、合、升、斗、斛也，所以量多少也。本起於黃鍾之龠，用度數審其容。以子穀秬黍中者，千有二百實其龠，以井水準其概。合龠為合，十合為升，十升為斗，十斗為斛，而五量嘉焉。

漢朝的容量單位，包括龠、合、升、斗、斛。

龠，本來是一根管子，長度和直徑都有標準，能發出黃鍾的音調。王莽經過實驗發現，往這根管子裡裝黍米（又叫糜子，俗稱黃米），剛好能裝一千二百顆。再把這一千二百顆黍米放在天平一端的托盤上，往另一端托盤裡注入井水，當兩端平衡時，將托盤裡的井水倒進容器，容器裡的水容量，就是一龠的容量。

推而論之，所謂一龠，就是與一千二百顆黍米等重的水容量。

一合等於二龠，所以一合是與二千四百顆黍米等重的水容量。

再將合的容量乘以十倍，得到升；將升乘以十，得到斗；斗再乘以十，得到斛。透過反覆地稱量黍米和清水，王莽成功地將龠、合、升、斗、斛等五種容量單位與重量全部結合起來了。

但是，透過一粒一粒數黍米的方式來測定量器，不僅麻煩，而且容易有誤差。於是王莽又進一步實驗，直接讓水的重量與升聯繫起來。王莽發現：「水一升，冬重十三兩。」冬至那天，將一升清水倒在天平上稱量，重量是十三兩。按照這個標準，就能用水和天平來測定量器了：一升水重十三兩，一斗水重一百三十兩，一斛水重一千三百兩。比如說，在一只木斗裡裝滿清水，再稱水重，如果達不到一百三十兩，或者超過了一百三十兩，就表明這只木斗不夠標準。

為了統一全國範圍內的所有量器，王莽用數黍米和稱水重的方法，在當時工藝允許的條件下，成功制定了一系列最精確的銅方升、銅方斗、銅合、銅斛，做為測定民間量器的權威標準。

王莽是儒家信徒當中最忠實、最天真的理想主義者，同時也是一個完美主義者，他還鑄造了一件能將龠、合、升、斗、斛等五種容量合為一體的「嘉量」。

這件嘉量整體呈圓筒狀，兩端開口，中有隔檔，隔檔以上可容一斛，隔檔以下可容一斗。兩側各有一隻耳朵，左耳容量為一升，右耳是兩端開口、中有隔檔的小圓筒，隔檔以上可容一合，隔檔以下可容一龠。器身用小篆鑄刻銘文如下：

黃帝初祖，德帀（讀ㄗㄚ）於虞。
虞帝始祖，德帀於新。
歲在大梁，龍集戊辰。
戊辰直定，天命有民。
據土德受，正號即真。
改正建丑，長壽隆崇。
同律度量衡，稽當前人。
龍在己巳，歲次實沉。
初班天下，萬國永遵。
子子孫孫，享傳億年。

文字典雅，平仄押韻（按中古音韻，新、辰、民、真、崇、人、沉、遵、年，尾音相同，押同一個韻），翻譯成大白話，意思是這

▲ 新莽銅嘉量銘文拓片（局部）

▲ 新莽銅嘉量銘文拓片

樣的：

黃帝是我的老祖先啊，他的美德彙集到了舜帝身上。

舜帝也是我的老祖先啊，他的美德彙集到了我王莽身上。

今年是戊辰年（西元八年），木星運行到了大梁方位[1]，北斗星的斗柄正指向東方青龍[2]。

就在這個美好的年分，我遵從上天的安排，繼承先祖的美德，取代漢朝，建立新朝，領導著天下臣民。

我把丑月（農曆十二月）定為一年的開始，江山永固，社稷長存。

我統一了度量衡，考訂翔實，計

▲ 西漢量器：銅犁斛。現藏於天津博物館，高六．五公分，內口徑一八．五九公分，器重七百零七克，容量六百四十五毫升。器外一側銘文：「元年十月甲午，平都戍、丞糾、倉亥、佐葵，犁斛。」旁刻小字：「容三升少半升，重二斤十五兩。」三升少半升即容量為三又三分之一升，相當於一斗的三分之一

▲ 古代中國的一組青銅量器，現藏法國國立工藝與科技博物館

算精確，完全合乎上古聖賢的標準。

當木星運行到實沉方位旁邊，也就是己巳年（西元九年），我將把這一套度量衡頒行天下，讓所有郡國永遠遵循。

今人要使用這一套度量衡，後世子孫也要繼續使用，億萬年以後也不會搞混。

實際測量王莽鑄造的銅方斗和銅嘉量，一龠為十毫升，一合為二十毫升，一升為二百毫升，一斗為二千毫升，一斛為二萬毫升。其中「升」的大小與商鞅銅方升和秦始皇銅方升都非常接近，所謂「合乎上古聖賢的標準」，其實是指商鞅和秦始皇的標準。

經王莽考定和頒布的容量，在東漢和魏晉繼續使用。但是到了南北朝時期，容量就亂了，北朝如北齊、北周的升，突然增大到兩倍甚至三倍。

春秋戰國時期，一升在二百毫升左右；商鞅變法和秦始皇統一度量衡時期，一升為二百毫升多一點；王莽審定度量衡，一升為二百毫升；而北齊和北周的升，已經膨脹為四百毫升、五百毫升、六百毫升了。

王莽想讓建立的新朝江山永固、社稷長存，實際上新朝只存續了十幾年，他這個理想破滅了。王莽想讓頒布的度量衡被子孫萬世永遠使用，可是單看容量在南北朝時的暴增就知道，他這個理想也破滅了。

度量衡是人造的工具，一定會因為人類社會生產和生活的需要而不斷變化，怎麼可能恆久不變呢？用美國作家斯賓塞·約翰遜 (Spencer Johnson) 的話說：「變化總是在發生，這個世界上沒有什麼是不變的，除了變化本身。」

可惜的是，王莽不懂得這個道理。

1. 漢朝人把肉眼可見的木星運行軌跡分成十二個方位，從西向東，依次為星紀、玄枵、娵訾、降婁、大梁、實沉、鶉首、鶉火、鶉尾、壽星、大火、析木。
2. 古代中國天文學家將黃道附近的星象分成四組、二十八宿，東方青龍包括角、亢、氐、房、心、尾、箕等七宿，包括四十六個星座、三百多顆恆星。

升斗的膨脹，以及唐宋酒價

秦漢以後是魏晉，魏晉以後是南北朝，南北朝以後是隋唐。隋唐所繼承的度量衡，實際上是南北朝時期北齊和北周的度量衡，也就是暴增後的度量衡。

與秦漢魏晉相比，隋唐的尺度、重量和容量統統暴增。暴增到什麼程度呢？

秦漢時期，一尺在二十三公分左右，一斤在二百五十克左右，一升在二百毫升左右。隋唐時期，一尺在三十公分左右，一斤在六百克左右，一升在六百毫升左右。從秦漢到隋唐，尺度增加了三〇%，重量增加了一四〇%，容量增加了二〇〇%！

度量衡集體膨脹，本質上與通貨膨脹一樣，是政府增加賦稅、加強剝削的一種手段。問題在於，為什麼尺度膨脹並不十分明顯，重量膨脹卻很厲害，容量膨脹得尤其厲害呢？

因為尺度是單維度（直線）的，橫長多少，豎寬多少，特別容易看出來。官府徵收布匹，去年用二十公分的尺子去量，今年用三十公分的尺子去量，老百姓馬上就能發覺。假如尺度膨脹過於明顯，老百姓一定集體抗議。

而給物品稱重，用的是天平或桿秤，官府在砝碼和秤砣上動一動手腳，老百姓不那麼容易看得出來。特別是秤砣，本該重一斤，官府讓它重一．一斤，如此輕微的改動，經過槓桿原理的放大，能讓百餘斤的貨物變得只「剩」幾十斤。同等重量的穀物，前朝用小秤砣稱量，顯示一百斤；本朝用稍大一點的秤砣稱量，顯示五十斤。這樣一來，每斤的實際重量可不就成倍暴增了嗎？

再說容量，它的暴增實際上是因為官方標準容器變大了一點點。打個比方，前朝鑄造的標準容器，長十公分、寬十公分、深十公分，實際容積一千毫升；本朝再鑄造時，只要將長度、寬度和深度各增加三公分，實際容積就變成了二千一百九十七毫升。容器的尺度只膨脹了一點點，容量卻成倍增長。

▲ 酒盞底部的銘文：內庫。說明這套酒盞從唐朝宮廷倉庫流出

▲ 唐朝鑄造的一套青銅酒盞，現藏英國倫敦巴拉卡特美術館

簡言之，尺度膨脹得慢，是因為官府擔心百姓抗議；重量和容量膨脹得快，是因為老百姓很難發覺秤砣和容器的那一點點改變。

容量經過北朝的暴增，再經過隋唐的確認，此後就成了宋朝的標準。兩宋三百年，皇帝大多溫良恭儉，與人為善，對百姓的剝削並不特別過分，官定容器不再增長，一升始終維持在六百毫升左右。

所以，宋朝人閱讀唐朝詩文的時候，完全可以用他們生活中常用的容量來理解唐朝的物價。

舉個例子，宋真宗宴請百官，問起唐朝的酒價。大臣丁謂答道：「唐朝一升酒賣三十文銅錢。」宋真宗問丁謂有何憑據，丁謂說：「我讀過杜甫的詩，『早來就飲一斗酒，恰有三百青銅錢。』一斗是十升，一斗賣三百文，一升自然賣三十文。」宋真宗聽了很高興，誇丁謂有學問，腦子好使。

丁謂所說的杜甫那首詩，原文如下：

街頭酒價常苦貴，方外酒徒稀醉眠。
早來就飲一斗酒，恰有三百青銅錢。

杜甫早上想買一斗酒。一摸腰包，剛好還剩三百文銅錢，恰好是一斗酒的價格。

區區一首小詩，並不能反映唐朝所有美酒的價格。李白和杜甫是同時代的人，也有詩提到唐朝酒價：

陳王昔時宴平樂，斗酒十千恣歡謔。
主人何為言少錢，徑須沽取對君酌。

斗酒十千，那可是一萬文，和杜甫所說的斗酒三百文相比，足足貴了幾十倍。假使丁謂讀的是李白的詩，他大概就會認為唐朝一斗酒賣一萬文，一升酒賣一千文。

李白與杜甫，誰說的價格更靠譜呢？應該是杜甫更加寫實一些。《新唐書・食貨志》有記載，唐德宗建中三年（七八二年），朝廷釀酒專賣，每斗酒的批發價就是三百文，和杜甫詩中描寫的一模一樣。而李白筆下的「斗酒十千」，可能是藝術誇張，也可能是因為詩仙喝的酒特別高級。

我們現在買酒，論瓶，或者論斤，不論升斗。假如論斤購買，一斗酒等於多少斤呢？這個很容易計算。唐朝容量不是膨脹了嗎？一升不是六百毫升嗎？那麼一斗就是六千毫升。酒和水的密度差不多，六千毫升能盛六公斤水，基本上也能盛六公斤酒。六公斤賣三百文，每公斤五十文而已。

再看宋朝的酒價。

《宋史．食貨志》記載：

自春至秋，釀成即鬻，謂之小酒，其價至五錢至三十錢，有二十六等。

臘釀蒸鬻，候夏而出，謂之大酒，自八錢至四十八錢，有二十三等。

春天發酵，秋天壓池，當年釀，當年賣，一釀成就發售，不經過陳放，叫做小酒。臘月發酵，第二年春天壓池，到夏天再賣，經過半年的陳放期，叫做大酒。小酒分成二十六個等級，最低五文，最高三十文。大酒分成二十三個等級，最低八文，最高四十八文。

乍一聽，宋朝最貴的陳酒才賣四十八文，而唐朝斗酒三百文、每公斤五十文，宋朝的酒實在是太便宜了。其實不然，《宋史．食貨志》記載的酒價，不是論斗，也不是論升，而是和現在一樣論斤計價。

▲ 宋代酒瓶，後世收藏家稱為「經瓶」或「梅瓶」

最低等級的小酒每斤五文，最高等級的大酒每斤四十八文，和唐朝酒價相比，到底是貴還是便宜呢？

這牽涉到宋朝的衡制。宋朝一斤的實際重量在六百克左右，相當於〇．六公斤。〇．六公斤賣五文，則每公斤八．三文；〇．六公斤賣四十八文，則每公斤八十文。和唐朝每公斤五十文比起來，最低等的小酒要便宜得多，最高等的大酒要貴一些。

元朝有一個文人，名叫盛如梓，閒翻唐宋詩文，讀到杜甫那句「早來就飲一斗酒，恰有三百青銅錢」，又讀到王安石的一首詩：「百錢可得酒斗許，雖非社日常聞鼓。吳兒踏歌女起舞，但道快樂無所苦。」他感慨地說：「元豐酒價比天寶僅三之一，其樂何如！」王安石一百文買一斗酒，杜甫三百文買一斗酒，宋朝元豐年間的酒價只相當於唐朝天寶年間酒價的三分之一，宋朝人真是有福啊！

盛如梓的結論過於武斷，他沒有細查《宋史．食貨志》和《新唐書．食貨志》裡面的酒價，不知道宋朝的高級酒要貴過唐朝的普通酒。

不過總的來說，宋朝的經濟水準、糧食產量和造酒工藝都遠遠超過唐朝，宋朝老百姓的生活水準普遍比唐朝要高，假如是同等品質的酒，在宋朝應該比在唐朝賣得便宜。

讓宋朝人和唐朝人拚酒，誰贏？

比完了唐、宋兩朝的酒價，再比比唐、宋兩朝詩人的酒量。

李白好酒，斗酒詩百篇；杜甫應該也好酒，否則不會在詩裡寫「早來就飲一斗酒」。他們兩個的酒量應該都不小，都能喝完一整斗。但是，他們的酒量在唐朝絕對不算最大。

杜甫〈飲中八仙歌〉描寫了唐朝八個人的酒量：

知章騎馬似乘船，眼花落井水底眠。
汝陽三斗始朝天，道逢曲庫口流涎，恨不移封向酒泉。
左相日興廢萬錢，飲入長鯨吸百川，銜杯樂聖稱世賢。
宗之瀟灑美少年，舉觴白眼望青天，皎如玉樹臨風前。
蘇晉長齋繡佛前，醉中往往愛逃禪。
李白斗酒詩百篇，長安市上酒家眠，天子呼來不上船，自稱臣是酒中仙。
張旭三杯草聖傳，脫帽露頂王公前，投筆落紙如雲煙。

焦遂五斗方卓然，高談雄辯驚四筵。

其中描述：賀知章喝醉了，搖搖晃晃，騎馬像坐船。汝陽王李璡（唐玄宗的侄子）海量，喝了三斗才醉。張旭量淺，三杯就醉。焦遂的酒量最驚人，能喝五斗，喝完五斗還不至於爛醉，還能高談闊論、語出驚人。

唐朝一斗能盛六公斤酒，五斗就是三十公斤。一個大活人竟然能乾掉三十公斤，無論他喝的是黃酒還是啤酒，都稱得上超級無敵大酒桶。從常理上推想，杜甫的描寫肯定也是藝術誇張，就像李白筆下的「燕山雪花大如席」一樣。

比較起來，宋朝人的描寫更可信。

蘇東坡有一個學生，名叫張耒，字明道。張耒說：「平生飲徒大抵止能飲五升，已上未有至斗者……晁無咎與余酒量正敵，每相遇，兩人對飲，各盡一斗，才微醺耳。」晁無咎又叫晁補之，也是蘇東坡的學生。張耒的意思是說，當時愛喝酒的人一般只能喝五升，喝一斗的人很罕見，他和晁補之的酒量差不多，每次見面喝酒，各自喝完一斗，而且還不至於爛醉。

宋朝升斗容量和唐朝相仿，一斗也能裝六公斤酒，張耒與晁補之共飲，每人六公斤，堪稱海量。

張耒還說普通人最多只能喝五升，也就是半斗，也就是三公斤。這說明張耒和晁補之的酒量至少是當時普通人的兩倍。

現代人喝酒，半斤算正常，一斤算海量，超過一斤算超級海量。張耒和晁補之竟然能喝掉六公斤，當時的普通人也能喝三公斤，宋朝人為什麼這麼能喝呢？

原因在於酒的度數。元朝以前，中國只有釀造酒，沒有蒸餾酒，唐宋詩詞中雖然出現過「白酒」和「燒酒」，但那是顏色較為清澈的黃酒或經過炭燒殺菌的黃酒，和蒸餾酒沒有一點關係。如果我們根據宋朝人寫的《酒經》和《酒譜》來釀酒，將宋朝美酒完全復原出來，度數絕對不會超過十五度，和現在的普通黃酒差不多。

現代人喝黃酒，如果時間足夠的話，慢慢喝，慢慢聊，

▲ 宋代蟠桃形鎏金銀酒杯

▲ 宋代鎏金葵口酒盞，口徑十二公分，高七公分，現藏四川省博物院

一個正常人喝掉幾公斤，絕對算不上稀奇。所以，張耒和晁補之的酒量雖大，並沒有大到天上去。

那麼好，如果讓宋朝人和唐朝人拚酒量，誰能勝出呢？

我覺得應該差不多。

杜甫〈飲中八仙歌〉裡那位焦遂，號稱「五斗方卓然」，十有八九是誇張，並非真實的酒量。其實宋朝也有一個號稱能喝五斗的人，他叫石延年，是北宋大臣，因為太能喝了，人送綽號「石五斗」。

無論什麼時候，都有特別能喝的酒桶，也都有沾酒就醉的君子。杜甫不是說嗎？「張旭三杯草聖傳。」喝完三杯酒，就醺醺然，陶陶然，飄飄然，揮毫作書，靈感如噴泉。

白居易的酒量也不大，他的自敘詩寫道：「未盡一壺酒，已成三獨醉。」一壺低度釀造酒沒喝完，已經醉了三次。

宋朝大文豪蘇東坡的酒量更小：「予飲酒終日，不過五合，天下之不能飲無在予下者。」蘇東坡用一整天時間來喝，也喝不完五合酒，天下沒有比他酒量更小的人了。宋朝一合才六十毫升，五合才三百毫升，能裝三百克，換算成市斤，半斤而已。如果是白酒，半斤還說得過去；宋朝酒的度數最高才十幾度，蘇東坡只能喝半斤，酒量自然很淺。

蘇東坡的弟弟蘇轍應該也是量淺的人。蘇轍寫過〈戲作家釀二首〉，開頭先說酒量：「我飲半合耳，晨興不可無。」早上起來喝酒，只喝半合。半合是多少？三十毫升，裝酒才三十克，大約是一口酒的量。

▲宋代吉州窯酒碗，現藏江西省博物館

蒙元帝國，升斗的第二輪膨脹

宋朝是中國歷史上經濟最繁榮、文化最昌盛、百姓生活水準最高的王朝，它就像一顆鑽石、一塊美玉、一只玲瓏剔透的水晶杯，光耀千古，奪人耳目。

可惜的是，愈是精緻的瓷器，就愈容易打碎，如此輝煌的宋朝，兩次毀於蠻族之手——一一二七年，北宋被女真部落建立的金國占領；一二七九年，南宋又被蒙古部落建立的元朝吞併。

與北宋政權對峙的遼國，以及滅掉北宋的金國，都比較崇拜中原文明，在一定程度上學習儒家文化、模仿漢家制度，度量衡制繼承北宋，沒

▲ 元代鈞窯酒碗，現藏遼寧省博物館

▶ 從遼寧省義縣清河門遼墓出土的銅鑄量器，現藏遼寧省博物館。全長二七・二公分，高八・四公分，器身為兩端開口的圓筒，中有隔擋，上半部分容量一千零四十七毫升，下半部分容量五百毫升

有發生大的變動。蒙元則不同，它滅國無數，極端膨脹，除了部分繼承中原王朝的君主專制並更進一步加強獨裁以外，其他方面都隨心所欲，形成了一套半生不熟且極端腐朽的統治方式。

首先，元朝皇帝推行了中國歷史上最變態的種姓制度，將全國人民分成四等，蒙古人處於最高等級，漢族以外的其他民族處於第二等級，占人口絕大多數的漢族百姓處於第三等級，原先南宋治下的漢族百姓處於最低等級。高等級不與低等級通婚，可以隨意侵占低等級的財產和妻女。蒙古人殺死漢人百姓，只需要賠償一點點「燒埋銀」。

其次，為了防止漢人百姓反抗，蒙古皇帝將一大批蒙古官吏撒到經濟最富庶的江南地區，讓他們擔任親民官，或者擔任漢族親民官的監督人。而這些蒙古官吏大多不識漢字，甚至不懂漢語，他們愚蠢、狂妄、殘忍、貪婪，將所轄人民視為奴隸，反倒激起了人民的反抗意識。

最愚蠢的是，元朝前幾個皇帝竟然不給這些蒙古官吏發放俸祿，任由他們搶奪和貪汙。中國歷代王朝立國之初，都會有一段政治清明、官吏清廉的黃金時期，但元朝是個例外，這個朝代從誕生那天起就掉進了貪汙腐化的深淵，官吏沒有一丁點道德底線和廉恥之心。事實上，整個元朝政府都沒有底線。此前的帝國統治者會顧忌歷史評價，擔心民眾造反，除了戰爭時期，一般不敢過分壓榨人民；而元朝皇帝大多不了解漢文化，也不屑於了解漢文化，既不懂得一治一亂的歷史循環，也不忌憚歷史評價和民眾反抗。所以，元朝皇帝往往透過一個或一群代理人徵收賦稅，這些人就像是朝廷的承包商，包下整個國家的工商稅和農業稅，除了向皇帝上繳足夠多的賦稅以外，還要為自己聚斂起富可敵國的小金庫。而這些代理人都不是漢人，甚至不是中國人，他們殺雞取蛋、竭澤而漁，為了完成元朝皇帝交待的徵稅任務，同時也為了增加自己的財富，在蒙古鐵騎的支持下橫徵暴斂，用最大的尺度和最大的容器徵收布匹、稱量穀物。

於是乎，元朝不到百年的短命統治期間，中國的度量衡再次膨脹。

《元史．食貨志》記載了元朝的容量：「宋一石，當今七斗。」一石等於十斗，而元朝的七斗相當於宋朝的十斗。也就是說，元朝一斗至少等於宋朝一．四斗。

宋朝一斗大約六千毫升，所以元朝一斗大約八千四百毫升。宋朝一升大約六百毫升，所以元朝一升大約八百四十毫升。和宋朝比，元朝容量增大了四〇％。

迄今為止，中國各地尚未有元朝官方頒定的標準量器出土，這很可能說明元朝官府從來沒有對容量標準做出過規定。我們應該還能想像得到，《元史》上說元朝一斗等於宋朝一．四斗，僅是某時某地的特例，元朝官府徵收賦稅時，蒙古官吏壓榨百姓時，應該還用過更大的升斗。

元朝有一位漢族學者，名叫孔齊，著有《至正直記》一書。孔齊說，在他生活的江南地區，秤斗不平，比比皆是，官吏用的升斗，商人用的升斗，以及地主豪強用的升斗，相差巨大，一升可能多出五合，也可能少了五合。一升為十合，一升能多出五合，那等於增大了五〇％。按宋朝一升六百毫升計，則《元史．食貨志》裡所說的元朝一升為八百四十毫升，假如江南地區某些官吏或者某個地主所用的升斗再比《元史．食貨志》裡的升斗多出五〇％，那麼一升就膨脹到了一千二百六十毫升！

元朝滅亡後，明朝建立。明朝雖是漢人建立的政權，但是明太祖朱元璋卻從元朝繼承了最糟粕的部分。

第一，朱元璋繼承了元朝君主不受制約的獨裁模式。他廢除宰相，設立內閣，制定《大誥》，將這份訓令式聖旨凌駕於法律之上，不但不受相權的制約，也不受法律的制約。

▲ 明代銅斗，現藏中國國家博物館，可容九千六百毫升。器身有銘文：「成化兵子（丙子）造」，「福壽康寧」

▲ 清代黑漆螺鈿山水圖方斗，寬一一・八公分，高八・五公分，實測容積九千五百八十毫升，現藏上海博物館

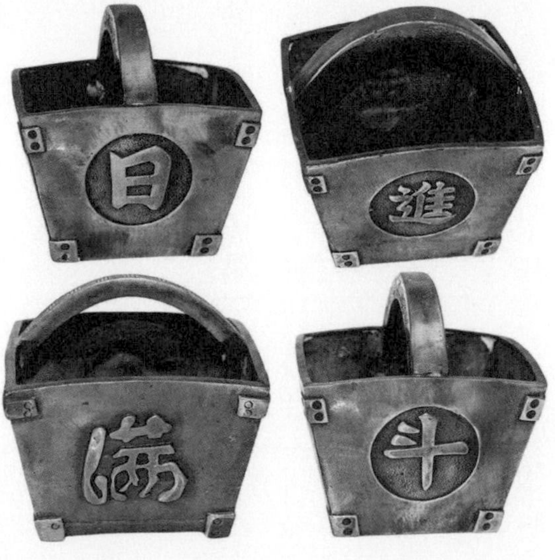

▲ 在現代中國，升斗量器徹底失去實用價值，這幾只銅斗只是用來招財的風水用品

第二，朱元璋只在表面上復古，實際上徹底顛覆了漢唐時期尊重儒生的習慣，也完全丟棄了宋朝君主與士大夫共天下的傳統，法家的規則和儒家的禮制都被他踩在腳底下。他像元朝大多數君主一樣，蔑視士大夫，肆無忌憚地殺戮大臣。像這樣獨裁的君主，最容易把整個國家拖進泥潭。

第三，朱元璋還繼承了元朝的度量衡，將元朝膨脹之後的容量和尺度做為標準，用官府頒定的標準度量衡予以承認。

所以，明朝的度量衡屬於第二輪膨脹之後的「成果」。

中國國家博物館藏有一件明朝成化年間的銅斗，實際容積九千六百毫升，與唐宋時期六千毫升為一斗相比，膨脹了將近四〇%。

上海博物館則藏有一件清朝的木斗，實際容積九千五百八十毫升，說明清朝又繼承了明朝的度量衡。

河南開封飲食博物館藏有一件民國早期米鋪商人稱量大米的包鐵木斛，實測容積五萬零三百一十毫升。宋朝以前，一斛就是一石，一石就是十斗；宋朝以後，一斛變成〇．五石，也就是五斗。這件木斛有五萬零三百一十毫升，說明當時一斗有一萬零六十二毫升，比明、清木斗稍微大一點，但基本上沒有脫離明、清的窠臼。

現代中國稱量穀物和酒水，通常使用重量單位。科學家做實驗，如果必須稱量一種物品的體積或一種容器的容積，也不會沿用傳統的升斗，而是改用國際通行的升和毫升。

現在我們說一升，指的是一公升，也就是一千毫升，這是國際慣例，也是民國早期強行將傳統升斗與國際公制接軌的結果。

一九二八年七月十八日，南京國民政府公布《中華民國權度標準方案》，將傳統度量衡定為「市制」，將國際度量衡定為「公制」。這套標準方案規定：一市尺等於三分之一公尺，即三三．三三公分；一市升等於一公升，即一千毫升。

這套方案使得中國傳統度量衡能與國際度量衡一一對應，並且保證傳統度量衡可以在民間繼續使用，無須進行大改動。為什麼？因為傳統度量衡幾經膨脹之後，在明、清時期就已經定型了。從明、清到民國，一尺始終在三十二公分左右，接近一公尺的三分之一；一斤始終在六百克左右，接近公斤的二分之一；一市升始終在一千毫升左右，剛好接近一公升。

現在我們可以做出如下總結：

從秦漢到民國，中國度量衡整體上呈現出膨脹的趨勢，其中有兩輪膨脹最為明顯：第一輪膨脹發生在南北朝時期的北朝，由隋、唐繼承並傳承到宋朝；第二輪膨脹發生在蒙元帝國的統治時期，由明朝繼承並傳承至今。

一石是一百二十斤嗎？

現代人讀歷史，往往將一石當成一百二十斤。

確實，一石曾經是一百二十斤。

但這裡的石，並非容量單位，而是重量單位。做重量單位講時，它讀ㄕˊ，而不讀ㄉㄢˋ。

《漢書．律曆志》有載：「四鈞為石……重百二十斤。」

鈞是「千鈞一髮」的鈞，一鈞為三十斤。石、鈞都是重量單位，漢朝乃至漢朝以前最常用的大型重量單位。一石為四鈞，總重一百二十斤。

但是在漢朝以後的文獻裡，石幾乎總是容量單位，幾乎都應該讀成ㄉㄢˋ。

東晉皇帝司馬曜頒布人頭稅徵收標準：「王公以下，口

▲ 春秋戰國時期的越國衡器，銘文為「禾石」，標重一百二十斤，應當是為穀物稱重的大型砝碼

稅三斛……又增稅米，口五石。」從普通百姓到王公貴族，每人每年繳糧三斛，後來又增加到每人每年繳糧五石。宋朝以前，斛就是石，石就是斛，斛是容量單位，石當然也是。

北魏皇帝拓跋宏頒布農業稅徵收標準：「一夫一婦，帛一匹，粟一石二升。」每個家庭每年繳納一匹布，以及一石二升粟米。升是容量單位，石與升放在一起，如果當成重量，肯定說不過去。這裡的石，分明是容量，一石為一百升，一石二升即是一百零二升。

唐高祖李淵規定：「每丁租二石，絹二匹，綿三兩，自茲之外不得橫有調斂。」每個成年男子每年上繳國家糧食二石、絲綢二匹、絲綿三兩。這裡的石，也是容量，因為唐高祖在同一個詔令裡還說：「京畿田，畝稅五升。」京城郊區的農田，每畝每年繳納五升公糧。可見當時計算公糧，是用容量單位來算的。

南宋中葉，江西官府收取青苗稅：「每石加徵二斗八升二

▲ 日據時期經過「臺灣總督府」審定的一套木製方形量器，標注容量分別為一升、五合、二．五合、一合

合。」斗、升、合，均為容量，石豈能獨為重量？

總而言之，漢朝以後，歷代正史記載賦稅，所說的石都是容量。既然是容量，就不能說一石是一百二十斤。因為斤是重量，不能與容量互相換算，就像不能說一公升就是一公斤、一公斤就是一公分一樣。

不過，我們可以說某個朝代一石大米是多少斤、一石黃酒是多少斤，這個還是可以算出來的。

歷朝歷代的容量都不太相同，有的暴漲，有的微漲，所以不同朝代的一石大米不可能一樣重。

從古至今，大米的密度變化不大，一公升大米重約〇．八公斤。秦、漢一石在二十公升上下，所以秦、漢一石大米約有十六公斤；唐、宋一石在六十公升上下，所以唐、宋一石大米約有四十八公斤；明、清一石在一百公升左右，所以明、清一石約有八十公斤。

一公斤等於二市斤，粗略估計，秦、漢一石大米超過三十市斤，唐、宋一石大米將近一百市斤，明、清一石大米約重一百六十市斤。

你看，當石作容量講時，任何一個朝代的一石大米都不是一百二十斤。

從明、清到民國，石的容量始終在一百公升左右，為了換算方便，南京國民政府在一九二八年的權度法案中專門規定，一石大米的標準重量是八十公斤。一九四二年九月八日，避居抗戰大後方雲南昆明的作家沈從文寫信給大哥沈雲麓談到昆明物價：「米賣五百元一石，約八十公斤，豬油三十元一斤，白糖三十多元一斤，炭一．八元一斤……」沈從文說大米一石約八十公斤，就是當時一石大米的標準重量——只要米店老闆用的量器合乎標準，那麼一石大米就該是八十公斤。

▲ 清代臺灣官定木斗，標注容量為「五升」，即半斗，現藏國立臺灣歷史博物館

▲ 日據時期「臺灣總督府」頒定的量器，標注容量為一合

第六章

從斤兩到公斤

天平在先，桿秤在後

我們知道，度量衡是測量的工具。

那什麼是測量呢？

用最簡單的話講，就是用已知量去比較未知量的過程。

遠古時代，人類還沒有發明度量衡，習慣用身體或眼前現有的物體來測量。比如說，用手腳度量較短的東西，用步幅度量較長的距離，用口含稱量液體的多少，用手捧稱量穀物的重量，用日升月落的次數計算時間，用恆星出現的位置計算更長的時間。

但是，人的手掌有大有小，個頭有高有低，眼前現有的物體也不斷變化，無論是身體，還是自然的物體，都不能進行公平公正的測量。

然後呢？度量衡就產生了。我們有了尺子，有了升斗，有了鐘錶，也有了天平。尺子量度長短，升斗量度體積，鐘錶量度時間，天平量度重量。

在這些度量工具當中，鐘錶肯定是最晚出現，天平卻可能是最早出現的。

至少在西元前二千五百年左右，古埃及就有了天平。英國倫敦科學博物館有一件保存相對完好的青銅桿，那就是西元前二千五百年左右的古埃及天平上的衡桿。

再往前追溯，至少在西元前三千年左右，兩河流域的美索不達米亞平原，也就是現在中東地區的伊拉克一帶，蘇美爾人就在用瀝青製作砝碼。砝碼是天平的零件，砝碼出現了，天平當然也出現了。

▲ 十九世紀中葉美國馬薩諸塞州的合金天平，現藏美國波士頓科學博物館

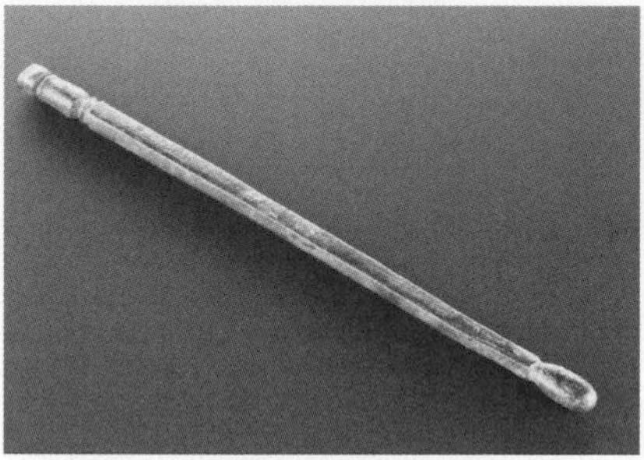

▲ 西元前二千五百年左右，古埃及天平的青銅衡桿，現藏英國倫敦科學博物館

▲ 西元前三千年左右，美索不達米亞文明的砝碼，用瀝青製成，高五・五一公分，寬三・八一公分，現藏英國倫敦巴拉卡特美術博物館

▲ 製作於大約四千五百年前的這塊泥雕上，兩河流域的蘇美爾人用擬人的方式勾畫出了他們的天文和曆法：太陽神高高在上，十二星辰俯首聽命

▲▶ 這只用青銅牛頭是兩河流域的蘇美爾人在大約三千年前鑄造的，用來裝飾他們的豎琴

▲◀ 壓印著蘇美爾楔形文字的一塊泥版，高一五．二公分，寬一三．四公分，現藏英國倫敦巴拉卡特美術館。這塊泥版製作於西元前二千零三十五年，上面的文字是在記錄美索不達米亞平原上某個地區的大麥產量，分別用「古爾」、「筒倉」、「西拉」等單位來計量

▼▶ 從古希臘青銅時代邁錫尼文明的一個豎井墓中發掘出的青銅托盤和幾只砝碼，原件鑄造於三千多年前，此為複製品

▼◀ 希臘邁錫尼文明燒製的精美陶罐，現藏美國紐約大都會藝術博物館

美索不達米亞平原是迄今為止人類發現的起源最早也最為成熟的文明中心（沒有之一），至少從西元前六千年起，這裡就生活著一群被後世稱作「蘇美爾人」的先民。蘇美爾人發明了全世界最早的文字、最早的數學、最早的農業、最早的曆法、最早的車輪、最早的啤酒、最早的陶器、最早的青銅器，以及最早的度量衡。

蘇美爾人既務農，也經

▲ 美國辛辛那提大學的研究人員在希臘半島東部一座古墓裡發現了一面銅鏡，鑄造於三千五百年前

▲ 古埃及天神用天平為人心稱重，據說心臟的重量代表靈魂的品質

▲ 西元前一千四百年左右，古埃及的牛頭型砝碼，高五．五公分，長四．三公分，重一八一．四克

▲ 西元前一千四百年左右，古埃及的羚羊型砝碼，高五．七公分，長七．一公分，重二六一．八克

商，他們的船隊航行在東北非和地中海沿岸，對古埃及和古希臘的文化都產生了深遠影響。我們有理由相信，古埃及和古希臘之所以會用天平替物品稱重，之所以會燒造陶器和鑄造青銅器，應該是對蘇美爾人的模仿，或者受到了蘇美爾人的啟發。

那麼中國呢？

根據漢代儒生的描述，華夏部落首領黃帝在位時，就制定了度量衡，發明了尺、斗、秤和天平。但是這種描述沒有考古實物做支撐，更像是傳說，不太像歷史。

事實上，即使黃帝真的制定了度量衡，中華民族也不會是第一個發明天平的族群。從文獻記載來推算，如果黃帝真實存在過的話，他應該生活在西元前二千七百年到西元前二千六百年之間。可是前面說過，早在西元前三千年左右，生活在兩河流域的蘇美爾人就使用天平和製作砝碼了。

如果拋開歷史傳說和文獻記載，非要用考古實物做依據，那麼中國的天平應該出現在西元前七百七十年到西元前二百二十一年的春秋戰國時期。

中國國家博物館藏有兩件戰國時代的青銅器，都是戰國時代楚國天平的衡桿。

湖南省博物館藏有一套戰國時代的圓環形銅砝碼，總共十件；湖北省大冶市博物館藏有另一套戰國時代的圓環形銅砝碼，總共十三件。這兩套砝碼更為春秋戰國已有天平提供了有力的佐證。

春秋戰國以前有沒有天平呢？不好說。從理論上推想，中國使用天平的時間應該更早一些。迄今出土的楚國天平衡桿形狀規整，粗細均勻，長度剛好是當時的一尺；那兩套圓環形銅砝碼也鑄造得均勻、美觀，同一套砝碼的內部重量存在著明顯的倍數關係。這說明什麼？說明天平在春秋戰國時代已經發展得很成熟了，而成熟一定是長期演化和不斷迭代的結果。只不過，我們缺少考古證據，拿不出東西來證明春秋以前就有天平，更無法證明西周、商朝、夏朝乃至傳說中的黃帝時代就有了天平。

比天平發明稍晚的稱重工具是桿秤，中國的桿秤很可能比歐洲要早。

中國國家博物館藏有一件戰國時期晉國的銅權。權，俗稱「秤砣」，它和砝碼不一樣。砝碼放在天平的托盤裡，不需要懸掛，所以頂端沒有鈕；秤砣懸掛在秤桿的一端，必須有鈕。國家博物館這件晉國銅權呈半圓球狀，頂端有鈕，是與桿秤配套使用的秤砣。

甘肅省博物館藏有一件秦朝銅權，它是秦始皇統一度量衡時期鑄造出來的，比國家博物館那件晉國銅權更加完整，更加接近後世的秤砣。

▲ 戰國時晉國衡器：銅權。現藏中國國家博物館，高十五公分，底徑一九．五公分，實重三萬零三百五十克。平底，銅鈕有殘缺

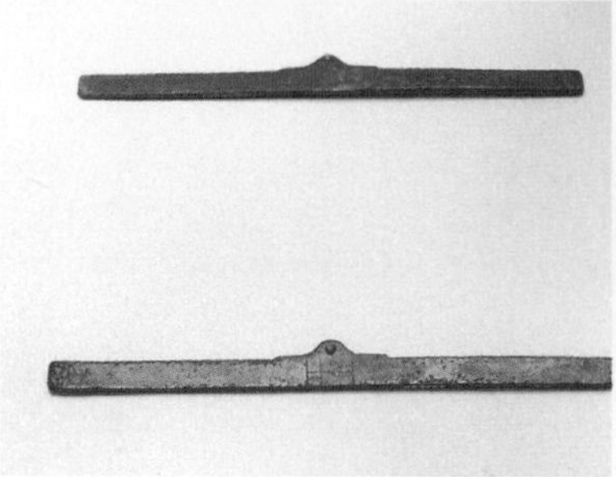

▲ 戰國時楚國衡器：銅衡桿。安徽壽縣出土，現藏中國國家博物館，上件長二三．一公分，下件長二三．一五公分，衡桿長度相當於當時的一尺

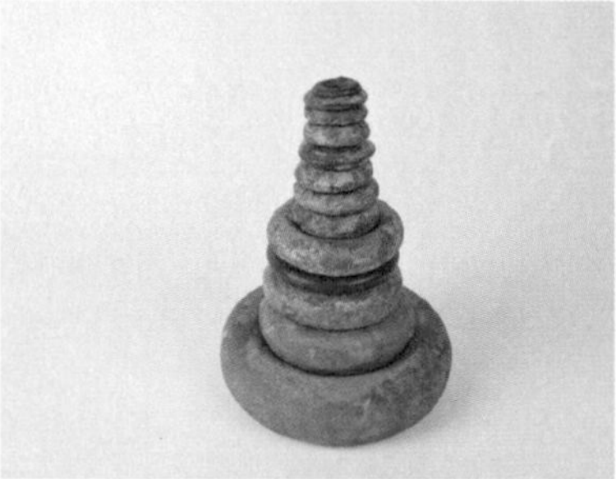

▲ 戰國時代的一套圓環形銅砝碼，現藏湖北省大冶市博物館，共十三件，最大的一件重三千四百四十克，最小的一件重十一克

▲ 秦代衡器：銅權。一九六七年出土於甘肅秦安壟城西漢墓，現藏甘肅省博物館。高七公分，底徑五．二公分，重二五〇．四克，為秦一斤權。棱間刻秦始皇二十六年詔書七行和秦二世元年詔書九行。始皇詔書內容為：「廿六年，皇帝盡併兼天下諸侯，黔首大安，立號為皇帝，乃詔丞相狀、綰；法度量則不壹歉疑者，皆明壹之。」

▼ 西漢衡器：鐵權。一九六八年出土於河北滿城漢墓，現藏河北博物院。高十九公分，底徑一七．五公分，重二萬二千四百九十克。上部鑄有「三鈞」二字。漢制一鈞等於三十斤，三鈞為九十斤，此權實重二萬二千四百九十克，可推算出當時一斤約為二百五十克

▲▶ 西元五世紀到七世紀，東羅馬帝國一件保存完好的桿秤，現藏美國紐約大都會藝術博物館

▲◀ 西元五世紀左右，東羅馬帝國的一桿銅秤，現藏英國倫敦科學博物館

▼▶ 西元五世紀左右，東羅馬帝國的雅典娜神像秤砣，高二〇．三公分，寬十公分，厚七．九公分，重四千三百四十五克

▼◀ 古羅馬時代的一只青銅秤鉤，具體年代尚待考證，現藏英國倫敦科學博物館

河北省博物館則藏有一件西漢時期的大型鐵權，頂端的鈕已經殘缺，但從器形上看，一定是秤砣。這只大秤砣上還刻著清晰的銘文：「三鈞。」一鈞為三十斤，三鈞就是九十斤。重達九十斤的秤砣，應該是用來給大型物品稱重的。推想起來，這只秤砣當初必定還配有一桿超大號的桿秤，稱重的時候必須多人合作，或者將秤桿懸吊在堅固的支架上。

戰國、秦朝、西漢均有秤砣出土，說明桿秤的出現應該不晚於戰國。戰國距今二千多年，說明桿秤在中國至少已有二千多年的使用歷史。或者也可以進一步推論，桿秤在中國的使用並不比天平晚多少。

歐洲的桿秤要稍晚一些。英國倫敦科學博物館藏有一桿年代久遠的銅秤和一只青銅秤鉤，前者是西元五世紀左右東羅馬帝國的稱重工具，後者也屬於羅馬文化，但尚未查清具體年代，不知道是屬於古羅馬，還是屬於被蠻族入侵後的後羅馬時代。

美國紐約大都會藝術博物館也藏有一件東羅馬帝國時期的鐵製桿秤，製作時間距今大約一千三百多年到一千五百多年，形制與英國倫敦科學博物館那件銅秤相近。

發明桿秤，比發明天平要難。

天平遵循的是經典物理學上最簡單的等臂槓桿原理，只需要一根木頭、兩個托盤和一堆砝碼就行了。只要木頭均勻，托盤等重，很容易校準，隨便找一根繩子將空空的天平懸掛起來，當衡桿與地面平行的時候，這只天平就可以用來稱重了。

桿秤遵循的是不等臂槓桿原理，秤鈎放在哪個位置，秤繩放在哪個位置，秤盤需要多重，秤砣需要多重，秤桿上要怎麼劃分刻度和標注重量，都需要進行複雜計算和反覆測驗。幸運的是，古代中國人恰好在實用計算和手工製作上極有天分，所以很早就將桿秤製作得相當精美，運用得非常純熟。

根據文獻記載和詩詞裡的描寫，早在隋唐時期，中國的商人買賣食鹽，農民稱量草料，就使用桿秤，而不是天平。

北宋初年，名叫劉承珪的大臣發明了更加小巧、更加精細的桿秤，名為「戥秤」。這種小型桿秤製作精巧、刻度精準，可以稱量極其細微的重量單位，例如一兩的千分之一，也就是一厘。

而在歐洲，無論是大型貨物稱量，還是比較精細的藥物和貴金屬稱量，都必須使用天平。東羅馬帝國時期曾使用的桿秤既笨重又不精準，此後千年內都沒有在西方世界得到廣泛應用。

▲ 十七世紀蘇格蘭農民使用的簡易天平，衡桿用木頭製成，托盤應為鐵製，已腐朽或丟失，現藏英國倫敦科學博物館

▲ 十八世紀晚期，英國曼徹斯特某儀器廠批量生產的金屬天平，現藏英國倫敦科學博物館

▲ 十八世紀中葉，英國藥劑師用來稱量藥物的小天平，鋼鐵衡桿，黃銅托盤，配有九枚黃銅砝碼，現藏英國倫敦科學博物館

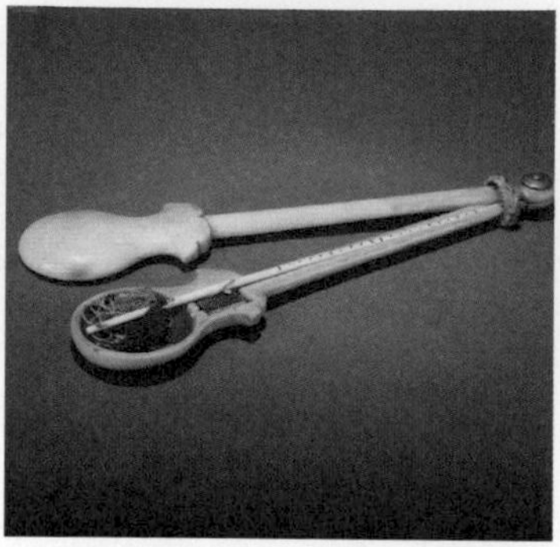

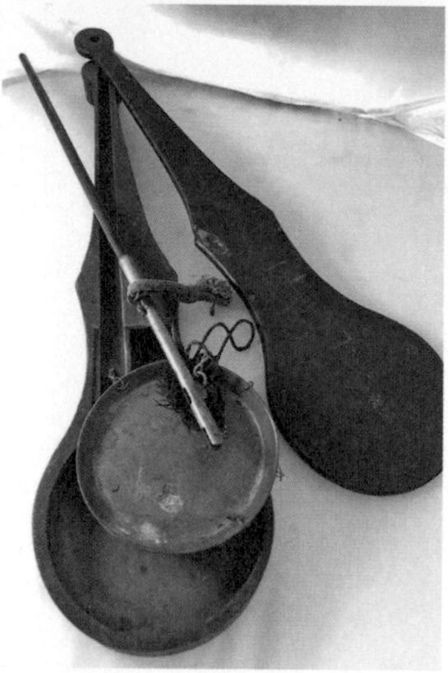

▲ 北宋初年發明的戥秤一直沿用到新中國成立前期，圖為清朝光緒年間用象牙製作的一件戥秤

▼ 十九世紀晚期日本京都某藥店用來稱量藥材的戥秤，西安馬詩餘先生藏品

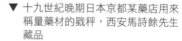

一斤為何是十六兩？

中國有一個成語：半斤八兩。

半斤是八兩，那一斤自然是十六兩。

中國大陸菜市場上的一市斤，卻是十兩，並非十六兩，只有臺灣保留了半斤八兩的老傳統。

傳統中國一斤為何是十六兩呢？我們可以聽聽漢朝儒生的解釋。

《漢書·律例志》記載：

> 五權之制，以義立之，以物鈞之……銖者，物由忽微始，至於成者，可殊異也。兩者，兩黃鍾律之重也。二十四銖而成兩者，二十四氣之象也。斤者，明也，三百八十四銖，《易》二篇之爻，陰陽變動之象也。十六兩成斤者，四時乘四方之象也。鈞者，均也，陽施其氣，陰化其物，皆得其成而平均也。權與物均，重萬一千五百二十銖，當萬物之象也。四百八十兩者，六旬行八節之象也。三十斤成鈞者，一月之象也。石者，大

也，權之大者也。始於銖，兩於兩，明於斤，均於鈞，終於石，物終石大也。四鈞為石者，四時之象也。重百二十斤者，十二月之象也。終於十二辰而復於子，黃鍾之象也。千九百二十兩者，陰陽之數也。三百八十四爻，五行之象也。四萬六千八十銖者，萬一千五百二十物曆四時之象也。

漢朝以前，中國已經形成五種重量單位，分別叫做銖、兩、斤、鈞、石。

這五種單位的換算關係如下：

一石＝四鈞

一鈞＝三十斤

一斤＝十六兩

一兩＝二十四銖

漢代儒生牽強附會，強行將以上重量單位及其換算關係扯到他們心目中的仁義道德和自然規律上。他們認為：

人類社會有五種道德：仁、義、禮、智、信。所以就形成了五種重量單位：銖、兩、斤、鈞、石。

一年有二十四節氣，所以一兩等於二十四銖。

每年有春、夏、秋、冬四個季節，各地又有東、南、西、北四個方向，四四一十六，所以一斤等於十六兩。

每月有三十天（原始曆法不分大小月），所以一鈞等於三十斤。

每年有四季，所以一石等於四鈞。

一石為四鈞，一鈞為三十斤，所以一石等於一百二十斤。一石為何等於一百二十斤？因為一年有十二個月，一晝夜有十二個時辰。

一石為一百二十斤，一斤為十六兩，所以一石等於一千九百二十兩。一石為何等於一千九百二十兩？因為陰陽之數總共有一千九百二十個。

一石為一千九百二十兩，一兩為二十四銖，所以一石等於四萬六千零八十銖。一石為何等於四萬六千零八十銖？因為世界上總共有一萬一千五百二十種物質，這一萬一千五百二十種物質再乘以一年四季，恰好是四萬六千零八十種。

漢代儒生的解釋，基本上屬於胡扯。

每年有四季，各地有四方，那麼一鈞為何不等於四斤，卻非要等於三十斤呢？一斤為何不等於四兩，卻非要等於十六兩呢？

每年有十二個月，每晝夜有十二個時辰，那麼一石為何不等於十二斤，卻非要等於一百二十斤呢？

一石等於一千九百二十兩，竟然是因為陰陽之數總共一千九百二十個，請問這一千九百二十個陰陽之數到底是怎麼得來的？

一石等於四萬六千零八十銖，竟然是世界上的一萬一千五百二十種物質再乘以四季得來的，請問這一萬一千五百二十種物質分別都是什麼？誰做過調查統計？

事實上，無論哪種度量衡，無論哪種換算關係，最初都是在生產和生活當中自然形成的。形成之時，不同度量之間並沒有特定的換算關係，是頻繁複雜的生產和交換逼著人們去尋找大家都能認可的換算關係。而這些換算關係往往並不是十進制，只有等到人類文明發展到一定程度，為了計算和統計的方便，那些不符合十進制的度量單位才會被慢慢淘汰掉。

關於一斤等於十六兩，還有一個傳說：春秋末年，著名謀臣范蠡幫助越王勾踐稱霸以後，棄官經商，他為了規範貿易，發明了桿秤。在秤桿上，范蠡先是刻畫了北斗七星和南斗六星，然後又增加了福、祿、壽三星。北斗七顆，南斗六顆，福、祿、壽又三顆，加起來剛好十六顆，每顆星代表一兩，十六兩合為一斤。

范蠡為什麼要在秤桿上刻畫這十六顆星呢？據說他有很深的寓意：南斗六星掌管出生，北斗七星掌管死亡，福、祿、壽三星主管運氣、收入和壽命。商販給顧客稱量貨物，如果缺斤短兩，就會缺福、缺祿、缺壽，就會被北斗七星把小命帶走。

▲ 秤桿、秤砣和秤桿上的秤星

我們不知道這個傳說形成於何年何月，但它就和漢代儒生在《漢書．律曆志》裡的解釋一樣，都是生搬硬套、胡攪蠻纏。其實范蠡活著的時候，中國還沒有出現桿秤，只有天平，而天平的衡桿上根本不需要刻畫秤星。

此外還有很多傳說，例如說一斤十六兩是秦始皇規定的。傳說秦始皇滅掉六國，號令九州，六國加九州是十五，再加上原先的秦國，正好是十六，所以秦始皇規定一斤等於十六兩。又有人說，一斤十六兩出自秦始皇的相臣李斯之手——秦始皇讓李斯制定度量衡，李斯不知道把一斤定為多少兩才合適，瞧見秦始皇手詔裡有「天下公平」四個字，數了數這四個字的筆畫，總共十六筆，於是靈機一動，將一斤定為十六兩。

至少在商鞅變法期間，一斤十六兩就是約定俗成的老規矩，根本用不著秦始皇去數九州六國，更用不著李斯靈機一動去數筆畫。

推根溯源，一兩之所以是二十四銖，一斤之所以是十六兩，一鈞之所以是三十斤，一石之所以是四鈞，其實都是由天平決定的。

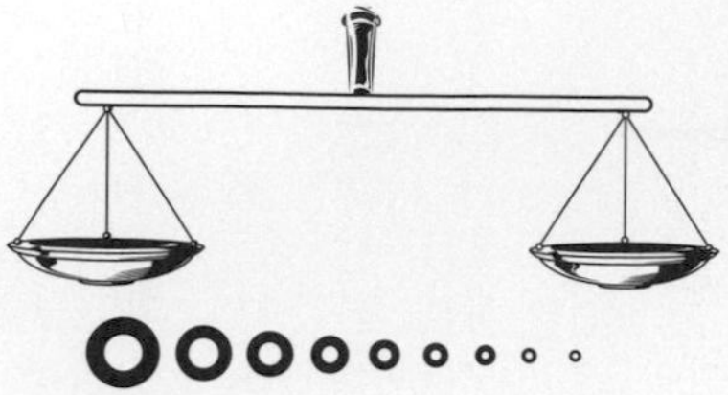

▲ 先秦時期的等臂天平與環形砝碼（示意圖）

早期中國沒有桿秤，只有天平。用天平稱量物品，只能一個一個地累加砝碼。而砝碼與砝碼之間要麼是等重的，要麼是倍數關係。等重的砝碼和倍數關係的砝碼不停地累加，自然而然就會形成倍數關係的重量單位。你看，兩和銖之間，斤和兩之間，鈞和斤之間，鈞和石之間，統統都是倍數關係。

打個比方，如果將一兩定為一架天平可以稱量的基本單位，那麼這架天平的最小砝碼肯定是一兩重。平常稱量物品，需要一套砝碼，這套砝碼只有打造成倍數關係，例如一兩、二兩、四兩、八兩、十六兩、三十二兩、六十四兩……那才是最實用、最節省的。所以呢，人們就將八兩的砝碼定為半斤，將十六兩的砝碼定為一斤，將三十二兩的砝碼定為二斤，將六十四兩的砝碼定為四斤。

當然，實際命名的時候，完全可以將二兩、四兩、八兩或三十二兩定為一斤，古人將十六兩定為一斤，確實有偶然的成分。但有一條是必然的：不管將多少兩定為一斤，最後

▲ 一八五二年美國海岸與大地測量局在法國人指導下鑄造的一套標準砝碼，最重的一枚為五百克，最輕的一枚為一克，總重量一千克，從小到大按倍數遞增

▲ 清代銀號裡常用的天平，底下抽屜中放有一套砝碼，現藏山東中醫藥文化博物館

▲ 英國布拉德福市計量局收藏的一枚瓷質砝碼，標重七磅，生產於一九六五年

都一定是二或四的倍數，用天平稱重的古人絕對不可能將三兩、五兩、七兩、十一兩、十五兩定為一斤，因為無論哪一套砝碼，都不會打造成這樣的重量——那將需要打造更多的砝碼，太浪費了。

有意思的地方在於，古代中國的重量單位之間是倍數關係，近代歐美的重量單位之間竟然也是倍數關係。

英國改用公制單位之前，重量單位包括打蘭、盎司、磅、英石(Stone)、夸脫、英擔(Hundredweight)、長噸(Long ton)。其中一磅等於十六盎司，一盎司等於十六打蘭，與傳統中國一斤等於十六兩一模一樣。

至於長噸、英擔、夸脫、英石，則和秦漢時期的石、鈞、斤一樣，都是按照二的倍數進行換算。

中國一石等於四鈞（二的二倍），一鈞等於三十斤（二的十五倍）。英國一長噸則等於二十英擔（二的十倍），一英擔等於四夸特（二的二倍），一夸脫等於二英石（二的一倍），一英石等於十四磅（二的七倍）。

中、英兩國傳統重量的進位關係為什麼都是二的倍數？因為兩國歷史最悠久的稱重工具都是天平，人們為天平打造砝碼，都必須按照倍數關係打造。

中國自從秦、漢以後，桿秤就大行其道，槓桿原理可以讓重量按照平滑的進位增長，於是重量單位之間的換算關係就形成比較簡便的十進位，銖、鈞、石逐漸被淘汰，被毫、厘、分、錢、兩、斤取而代之。唐、宋、元、明、清歷朝，除了遵照傳統習慣，一斤仍然等於十六兩以外，新的重量單位都成了十進位，例如一兩等於十錢，一錢等於十分，一分等於十厘，一厘等於十毫。

一九二八年南京國民政府通過法令，讓傳統斤兩與公斤接軌，規定一市斤等於〇・五公斤，但仍讓一市斤等於十六兩。後來國民黨政府遷到臺灣，繼續執行一九二八年的法令。所以到今天為止，臺灣一斤還是十六兩。

中國這邊則進行了相對徹底的改革。一九五四年九月十一日，中央人民政府公布《度量衡暫行辦法》，為了換算上的方便，將一斤定為十兩。所以在今天，大陸一斤是十兩。

我們可以這樣總結：臺灣一斤為十六兩，是延續了天平時代的老傳統；大陸一斤為十兩，則是桿秤時代的新發明。

有必要說明的是，臺灣沒有完全遵循一九二八年頒布的《中華民國權度標準方案》。

根據權度方案的規定，一斤應為五百克，一兩應為三一．二五克（十六兩為一斤）。臺灣則沿用明、清時期乃至民國初年的傳統，將一斤定為六百克，將一兩定為三七．五克。

現在中國大陸一斤是五百克，一兩是五十克。很明顯，中國大陸的斤比臺灣的斤小一些，但是中國大陸的兩卻比臺灣的兩大一些。大陸遊客在臺灣買水果，如果論斤稱，會覺得臺灣商販給得多；如果論兩稱，就該覺得臺灣遍地都是奸商了。

司馬斤，司馬兩

海峽兩岸的斤兩不一樣，中國大陸與香港的斤兩也不一樣。更進一步說，中國大陸、臺灣、香港的斤兩都不一樣。

陸客在臺灣買東西，只需要區分市制和臺制。市制一斤為五百克，一兩為五十克；臺制一斤為六百克，一兩為三七．五克。市制與臺制的換算並不複雜：一臺斤等於一．二市斤，一臺兩等於〇．七五市兩。

不過，大陸遊客在香港購物，就有可能碰到比臺斤、臺兩複雜得多的重量單位，那就是「司馬斤」和「司馬兩」。

一臺斤等於十六臺兩，一司馬斤也等於十六司馬兩。問題在於，司馬斤不像臺斤那樣精確等於六百克，而是經常變來變去，在不同的行業和不同的店鋪裡，竟然有不同的換算標準。香港的

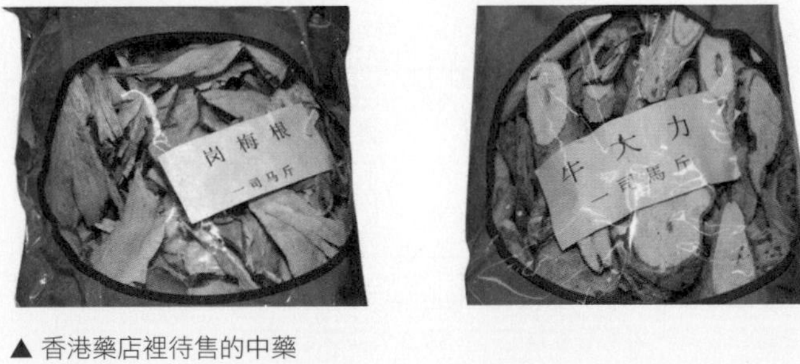

▲ 香港藥店裡待售的中藥

司馬斤，有時候超過六百克，有時候不到六百克，有時候竟又等於六百克。

比如說，在香港金店買首飾，有的店員會告訴你，一司馬兩等於三七．五克，一司馬斤等於六百克；有的店員則會說，一司馬兩等於三七．四二九克，一司馬斤等於五九八．八六四克。

再比如說，在香港菜市場買水果和海鮮，假如商販按照英制單位的「磅」和「安士」（盎司）來標價，那沒問題，一磅是十六安士，英制一安士是二八．三四九五二三一克，通常按照二八．三五克的近似值來計算就可以了。假如商販是用司馬斤或司馬兩計價，這斤兩

黃金	白金
金店賣出價	
311.74 人民幣 人民幣／克	222.81 人民幣 人民幣／克
13320 港幣 港幣／司馬兩	9520 港幣 港幣／司馬兩
金店買入價	
275.93 人民幣／克	163.12 人民幣／克
11790 港幣／司馬兩	6970 港幣 港幣／司馬兩
315.00 港幣／克	186.22 港幣／克

▲ 香港某金店提供給大陸遊客的價格單，按照這份單據推算，該金店是將一司馬兩做為三七．四二九克來計價

可能就比你在金店買首飾時遇到的斤兩稍微大那麼一點點：一司馬斤會等於六〇四・八克，一司馬兩會等於三七・八克。

也有另外的可能，商販按照金店裡的斤兩來稱重，讓一司馬斤等於六百克，或者低於六百克。

極端情況下，你還有可能碰到連自己都搞不清斤兩關係的香港人，誤以為香港的斤和中國大陸的斤一樣，誤以為一司馬斤等於一市斤，鑑於一市斤是五百克，所以他會認為一司馬斤也是五百克。

更極端的情況下，你也有可能碰到一個奸商，告訴你一司馬斤是十六兩，共重五百克，所以一兩只有三一・二五克。

一兩有沒有可能等於三一・二五克呢？

有。金門和馬祖的一斤等於中國大陸一市斤，但這一斤仍像臺斤一樣，等於十六兩，十六兩總重五百克，所以金門和馬祖的一兩只有三一・二五克。

香港與臺灣和金馬都不一樣，它在晚清時期就成了英國的殖民地，直到一九九七年才回歸，中間沒有受到民國早期改革度量衡的影響，只受到了清朝和英國的影響。

清朝政府為了改革海關和規範稅收，推行過兩套特殊的重量單位，一套叫做「關平制」，一套叫做「庫平制」。關平制和庫平制都是十六兩為一斤，但關平一兩是三七．七四九五克，庫平一兩是三七．三克（清末又改成三七．三〇一克）。這兩套制度推行到香港，香港人無所適從，於是又搞出一套比關平小、比庫平大的新單位：司馬制。所謂司馬，就是官府的代稱。

最初，一司馬兩在三七．四克上下波動，後來為了能和英制單位的金衡盎司與常衡盎司掛鉤，香港人又搞出兩種司馬兩：一種司馬兩與英國金衡盎司掛鉤，用來稱量貴重金屬，一兩為三七．四二九克；另一種司馬兩與英國常衡盎司掛鉤，用來稱量普通貨物，一兩為三七．七九九克。

司馬兩有兩種，司馬斤當然也一分為二：將金衡司馬

▲ 康熙十八年（一六七九年）江蘇布政司頒定的一套銅砝碼，從一錢到四兩不等，全套二十枚，標注總重量十兩，實重三百六十六克，由此推知當時一兩接近三十七克

兩三七．四二九克乘以十六，得到的司馬斤僅是五百九十八克多一點；將常衡司馬兩三七．七九九克乘以十六，得到的司馬斤卻是六百零四克多一點。

所以，我們在香港金飾店買首飾，和在菜市場買水果，遇到的雖然都是司馬斤和司馬兩，實際重量卻不一樣。

其實不僅在香港，澳門同樣也有兩套司馬斤和司馬兩。

出了港澳，再往東南進發，到了越南、泰國、新加坡、馬來西亞，同樣會碰到斤兩，這些國家的斤與港澳的常衡司馬斤幾乎完全相同，每斤都是六百零四克多一點。

新加坡、馬來西亞、泰國和越南沿用「斤」這個來自古代中國的重量單位（越南語的「斤」甚至與漢語

澳門街市	本次	本次	本次	物價變動百分比
	2018 年 9 月 18 日	2018 年 9 月 18 日	2018 年 9 月 11 日	
	平均價格（澳門元／司馬斤）	平均價格（澳門元／司馬斤）	平均價格（澳門元／司馬斤）兩	
排骨	59.4	98.2	98.2	0.0%
瘦肉	47.7	78.8	78.8	0.0%
豬腩	41.5	68.6	68.4	0.3%

▲ 澳門超市的價格表，為了給外地遊客提供方便，既用司馬斤標價，也用公斤標價

讀音相似），是因為古代中國的文化影響力過於巨大，再加上這些國家都有大批華人遷入，所以把斤傳了過去。

而這些國家的斤之所以和香港常衡司馬斤相差無幾，那很可能是因為香港經濟騰飛較早，開放程度又很大，這些國家頻繁與香港貿易往來的緣故。

桿秤的混亂

生物學上有一個詞叫做「生殖隔離」，指的是同一物種的後代受到客觀因素的制約，在不同的地理環境下繁衍進化，彼此之間不能繼續進行基因交流，經過很多代繁衍以後，基因差異會愈來愈大，最後形成不同的物種。

中國大陸、臺灣、香港，兩岸三地的不同斤兩就是在類似於生殖隔離的環境下形成的。只不過，隔離兩岸三地斤兩的客觀因素並非地理環境，而是政治制度和經濟因素。

大陸的市斤、臺灣的臺斤、香港的司馬斤，原本同根同源，都源自古代中國的斤。後來呢？大陸在民國早期度量衡改革的基礎上，進化出五百克為一斤、一斤為十兩的市制；臺灣也繼承了民國早期的度量衡改革，但沒有繼續進化，保留了南京國民政府奠定時期六百克為一斤、一斤為十六兩的早期傳統；香港呢？沒有經歷過民國的統治，直接從晚清跳到了英國殖民地，晚清度量衡基因與英制度量衡基因一結合，孕育出了現在看起來非常混亂的司馬斤和司馬兩。

度量衡的統一過程會是一個相當複雜的過程，不僅需要政權的統一，更需要市場的統一。如果市場不統一，條塊分割，行業壟斷，即使在統一政權的領導下，度量衡也無法得到統一。

以古代中國為例，雖然在商鞅變法時期、秦始皇統一六國時期、王莽建立新朝時期，都嘗試統一過度量衡，但是都沒有達成預期的目標。此後的唐朝、宋朝、明朝、清朝，中央政府都制定過度量衡標準器，都想對市場進行嚴格管理，也都沒有完成任務。甚至到了民國早期，北洋政府頒布《權度法》，南京國民政府也制定過成套的度量衡標準器，民間依然我行我素，在不同的地區和不同的行業沿用著不同的標準。

我們在文學作品當中可以讀到統一政權下的度量衡混亂現象。

《金瓶梅詞話》第六回，王婆把潘金蓮和西門慶安排在自家房裡幽會，自己上街買菜：「且說婆子提著個籃子，拿著一

▲《星宿執秤圖》，唐代畫家梁令瓚《五星二十八宿神形圖》之一，現藏日本大阪市立美術館

▲▶ 元代銅秤砣，現藏桂林博物館

▲ 清代鐵秤砣，現藏中國國家博物館

▼▶ 搗藥的杵臼以及稱藥的戥秤，現藏廣州白雲山陳李濟藥廠陳李濟中藥博物館

條十八兩秤，走到街上，打酒買肉。」什麼是「十八兩秤」呢？就是說一斤本該是十六兩，可是用王婆這桿秤去稱，一斤是十八兩，比標準的斤多出二兩。王婆為什麼要帶著十八兩秤去打酒買肉呢？因為用她這桿秤給物品稱重，給的多。

魯迅小說《風波》裡也有十八兩秤。那是清朝末年，江南農村，九斤老太罵孫女六斤，兒媳七斤，嫂子憤憤不平地說：「你老人家又這麼說了。六斤生下來的時候，不是六斤五兩嗎？你家的秤又是私秤，加重稱，十八兩秤，用了準十六，我們的六斤該有七斤多哩！」九斤老太的秤是私秤，一斤十八兩，和王婆打酒買肉的那桿秤一樣不靠譜。

老百姓用加重的十八兩秤是為了在買東西時占便宜。商家呢？就用缺斤短兩的秤，賣東西時占便宜。元雜劇《看錢奴冤家債主》有一句唱詞：「瞞人在斗秤上，一斤秤十四兩。」用一斤十四兩的秤出售貨物，每斤可以少給二兩。

另一出元雜劇《陳州糶米》刻畫一個為富不仁的財主：「出的是八升的小斗，入的是加三的大秤。」該財主放貸於人，用小斗稱量，一斗本該十升，他家一斗只有八升，每斗可以少給二升；到了收債的時候，他又用「加三的大秤」，一斤本該十六兩，他把一斤加到十九兩，每斤可以多收三兩。

清代北京，各行各業統一使用十六兩秤，但是秤出來的實際斤兩仍不相同。清朝滅亡前夕，北京商界有「京平秤」、「店平秤」、「市平秤」、「公砝秤」之分，官府有「漕平秤」、「庫平秤」之分。京平秤一兩是三五．一克，店平秤一兩是三五．五克，市平秤一兩是三五．八克，公砝秤一兩是三六．一克，漕平秤一兩是三六．五克，庫平秤一兩是三七．三克。這些大小不等的秤，不但沒有被朝廷取締或統一，而且成了行業內部和官府內部都認可的稱重工具，分別在發餉、住店、買賣糧食、兌換銀錢、收繳公糧和財政結算時使用。至於民間那些不被認可的非法私秤，就更加離譜了，清末北京小販賣水果，除了用十四兩秤、十二兩秤，有時候還會用到「對花秤」。對花秤一斤只有八兩，只相當於標準一斤的一半。

再看清末邊疆地區。新疆和肅北蒙古牧民會用到三種桿秤，分別是十六兩秤、二十四兩秤、三十二兩秤。三十二兩秤是給羊毛和駱駝毛稱重的，俗稱「毛秤」；二十四兩秤是給油稱重的，俗稱「油秤」。可是在稱量藥材、火藥和貴重金屬的時候，大家又會用到一斤只有十兩的極小戥秤。

桿秤不統一，斤兩當然更不統一，而這種不統一又不完全是由奸商造成的，有時候竟然是為了給交易和計算帶來便利。比如說，牧民買賣牛羊，需要扣除皮毛的重量，只算淨肉的重量，如果用標準秤，秤過以後，還要乘以一個淨肉率；而改用加重的大秤，秤出來的可能就是淨肉的重量，用不著再做計算。

本書第三章講過，古代官府丈量農田，申報的可能不是實際面積，而是用產量折算過的面積，俗稱「折畝」。邊疆牧民用加重秤為動物皮毛稱重，與古代官府丈量農田有異曲同工之妙。官府用產量來折畝，是為了讓賦稅徵收更合理；牧民用大秤來稱重，可以省掉後期計算的麻煩。

但是不管怎樣說，桿秤不統一的弊端總會大於好處。在封閉的小環境裡，大家都用某個不標準的桿秤來交易，不標準也就成了標準。可是一旦這個小環境對外開放，內部居民和外來的交易者都會變得無所適從，必須先就度量衡達成共識，然後才有可能進行交易。

明朝話本小說集《醒世恆言》當中有一個場景，反映了桿秤混亂導致交易成本上升的社會現實：

施復是個小戶兒，本錢少，織得三四匹，便去上市出脫。一日，已積了四匹，逐匹把來方方折好，將個布袱兒包裹，一徑來到市中。只見人煙輳集，語話喧闐，甚是熱鬧。施復到個相熟行家來賣，見門首擁著許多賣綢的，屋裡坐下三四個客商。主人家貼在櫃身裡，展看綢匹，估喝價錢。施復分開眾人，把綢遞與主人家。主人家接來，解開包袱，逐匹翻看一過，將秤準了一準，喝定價錢，遞與一個客人道：「這施一官是忠厚人，不耐煩的，把些好銀子與他。」那客人真個只揀細絲稱準，付與施復。施復自己也摸出等子來準一準，還覺輕些，又爭添上一二分，也就罷了。討張紙，包好銀子，放在兜肚裡，收了等子、包袱，向主人家拱一拱手，叫聲有勞，轉身就走。

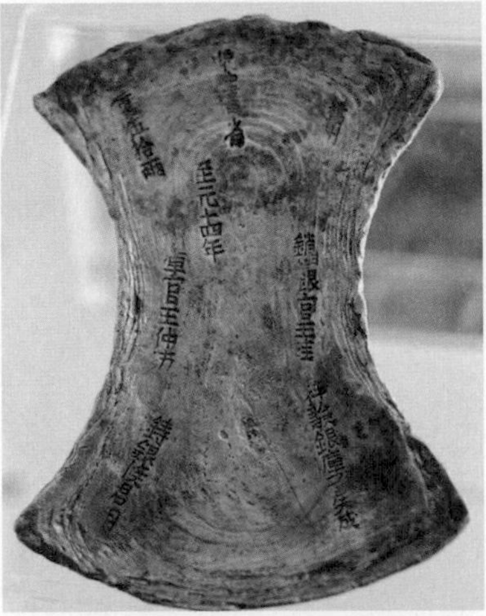

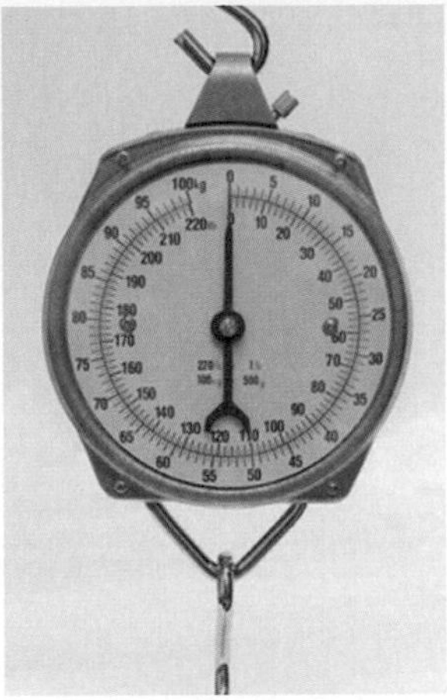

▲▶ 元代壁畫：《執秤賣魚圖》。此為山西洪洞廣勝寺水神殿壁畫，繪於元朝泰定元年（一三二四年）

▲◀ 臺灣國立歷史博物館收藏的一枚元朝銀錠

▼▶ 香港常見的小型吊秤，表盤外側標注「千克」，內側標注「英鎊」

▼◀ 美國紐約大都會藝術博物館收藏的一枚明朝銀錠

施復是明朝江南地區一個專業種蠶繅絲的平民，他去綢布行裡出售絲綢，買家用銀兩付款，雙方已經商定了價格，但是還要在銀兩的成色和重量上浪費時間。買家當著施復的面，用秤給銀兩稱重。施復不放心，擔心買家的秤不標準，又拿出自己隨身攜帶的「等子」，也就是一桿小小的戥秤，再稱了一遍。施復稱過以後，認為買家給的銀子不夠分量，「又爭添上一二分」。

類似的情形，絕不只在古代中國出現，英國、美國、法國、印度、西班牙……以及新中國成立以後，都出現過。就在不遠的二十年前，也就是二十世紀末尾，中國老太太上街買菜，唯恐商販缺斤短兩，還要自帶彈簧秤檢驗一番，這樣做當然也會增加交易成本——至少時間成本增加了。

公制單位的好處和壞處

如果桿秤能夠統一，如果所有的秤都做到了標準化，交易成本會下降嗎？肯定會下降，但是不會降到最低，因為桿秤的統一只能讓斤兩統一，並不能讓全球範圍內的所有重量單位達成統一。中國用斤，英國用磅，俄國用普特，印度用拖拉，如果每個國家都堅持使用本土固有的重量單位，那麼進行國際貿易和國際合作之前，雙方必須要在兩國度量衡換算關係這個問題上達成共識。就像為不同貨幣之間制定匯率一樣，度量衡也要制定一個換算率。哦不，需要制定一整套換算率。

好在法國人做出了偉大貢獻，發明了全新的公制單位，並且引領全球大多數國家採用了這套公制單位。

公制單位裡的重量單位是公克、公斤和公噸。一千公克等於一公斤，一公噸等於一千公斤，這是現代中國人從小就在數學課本上學過的常識。可是課本上並沒有說明，這套公制單位究竟是怎麼來的。

▲ 西元前二千七百年左右，印度河谷文明燒製的人形砝碼，高二二．九公分，寬六．六公分，現藏英國倫敦巴拉卡特美術館

▲ 二十世紀早期，法國人製造的一件鈕秤，最大可稱量五百克。現藏英國倫敦科學博物館

早在西元八世紀，法國查理大帝就試圖替重量單位提供一個普世的標準，他鑄造了一組金屬罐子，往罐子裡灌油，再用天平稱量，保證每個罐子都和其他罐子等重，並將罐子灌過油後的重量做為一個標準單位。不過，礙於當時工業技術的落後和政治影響力的輻射範圍不夠，查理大帝的標準油罐並沒有成為真正的標準。

時間又過了一千多年，法國爆發了大革命，貴族政權被暫時推翻，由律師、商人、民眾和科學家組成的新政體野心勃勃，開始設計一套能被全球所有國家都接受的長度單位、容量單位和重量單位。

法國科學家先是用地球子午線長度的二千萬分之一規定了標準長度單位：公尺，然後在公尺的

▲ 西元八世紀，法國查理大帝鑄造的一組油罐，被認為是後世公斤的基礎，現藏法國國立工藝與科技博物館

▲ 儲存在法國巴黎國際計量局總部的國際公斤原器，它是一只用鉑銥合金打造的圓柱體，由三層玻璃罩保護

▲ 奧地利計量標準委員會在一九〇四年制定的一套砝碼，透過在玻璃瓶中裝入鐵砂的方法來調整重量

▲ 一八一五年～一八一八年期間，西班牙政府頒定的一套標準量器和標準砝碼，現藏英國倫敦科學博物館

基礎上發明出公寸、公分、公釐。然後他們又規定，一立方公分空間內的容積為一毫升，隨後又在升的基礎上發明了公斤：在標準大氣壓下，在水溫為四攝氏度時，一升水的重量被規定為一公斤。

法國科學家盡可能精確地稱量出了標準大氣壓下四攝氏度時一升水的重量，並且鑄造了等重的國際公斤原器，用來給所有願意採用公制單位的國家和地區做為重量標準的權威依據。

可以這樣說，二十一世紀之前，這顆星球上的一公斤究竟應該有多重，都是由法國巴黎國際計量局珍藏的那件國際公斤原器決定。

國際公斤原器是一個實實在在的物品。既然是物品，它就有生老病死，就有損毀和消亡的可能。而一旦它丟了、毀了，或者由於振動和氧化，丟失了那麼一點點重量，人類世界的公斤就會變得不再可靠。

二〇一八年十一月，來自世界各地的科學家在法國凡爾賽宮舉行了又一屆國際計量大會，透過投票公決來修改公斤的定義，將公斤與量子力學中的普適概念「普朗克常數」捆綁在一起。比較專業的表達是：一公斤就是普朗克常數為 6.62607015×10^{-34} 焦耳每秒時所對應的品質單位。

$6.62607015 \times 10^{-34}$，這只是一個數字。秒是基本的物理量，焦耳是由基本物理量推導出的物理量。也就是說，以後人類只需要記住公斤的定義、普朗克常數的取值、真空中的光速數字等資訊，哪怕公斤原器丟了，哪怕整個世界都被炸平了，只要有這些資訊，再加上理解這些資訊的知識和運用這些資訊的科技，就能復原出最精確的公斤。

更便捷的是，以後科學家再進行精密稱量，生產行業再進行精密加工，可能就不需要再借助任何稱重工具了，靠電腦計算就行了。這樣一來，測量誤差將可以降到最微小的程度，電腦的算力愈強大，測量誤差就愈小。

但是任何事物都有兩面性，隨著公制單位在全球範圍內的普及，隨著重量單位、長度單位、容量單位的虛擬化，普通人對於度量衡，會逐漸失去直觀認識。

古老的尺度來源於身體，非常直觀，容易理解。如果你問一個來自商朝的中國人一尺有多長，或者問一個來自古羅馬的士兵一里有多遠，即使他們沒受過文化教育，也能給你比劃出來——把手伸出來，拇指和食指盡量向兩端伸展，這不就是一尺嗎？把腳跨出去，一步，兩步，三步，直線行走一千步，這不就是一里嗎？

現在呢？你拿同樣的問題去問一個從小在城市裡長大的年輕人，他們極有可能一頭霧水，因為他們日常生活中不再用尺，也不再用里，只用公尺和公里。

那麼好，你改問他們一公尺有多長，一公里有多遠，他們可能就要掏出手機，用手機上的測距 APP 或電子地圖演示一下。你再問一克有多重，或者他們手裡的手機大概重多少克，這些孩子可能還要翻箱倒櫃，去查購買手機時附贈的產品說明書。

再進一步，你去問公斤的新定義、公尺的新定義，那就更麻煩了，孩子們要嘛不理你，要嘛再次打開手機，點開網頁，去找維基百科諮詢答案。但就算他們查到了權威解釋，也很難理解那些解釋背後的含義——真空光速、原子頻率、普朗克常數、質能公式，誰知道這都是些什麼玩意？孩子不懂，難道我們這些號稱受過高等教育的成年人就真的能夠理解嗎？

我們的意思是說，度量衡愈進化，就愈抽象，就愈脫離大眾的認知。

可以預見的是，最多再過百餘年，甚至再過幾十年，由於電子晶片的突飛猛進，大眾生活中的日常測量工具都將大面積消失，那些鋼尺啊、木尺啊、桿秤啊、天平啊、電子秤啊，都將被微小的晶片所取代。

▲ 西元前一千六百年左右，古巴比倫的一件石砝碼，上有重量標識，表明這件砝碼的重量相當於一萬五千一百粒麥子。現藏英國倫敦科學博物館，實測重量為九七八．四六克

▶ 英格蘭布拉德福市計量局收藏的一只秤鉤，鑄造於一八四〇年前後

我們隨時隨地可以測出一個物品有多長和有多重，但我們卻將慢慢忘掉晶片計算出的那些數字到底有什麼直觀意義。假如一個晶片出了問題，報出的重量數字不夠準確，本來一公斤，報成了二公斤，普通人是很難感知得到的。

負面影響還會波及到我們的人文情懷。升、斗、尺、秤，這些傳統的測量工具很不精確，但是它們蘊含著歷史和文化，它們消亡得愈快，我們所謂的文化鄉愁就愈沒處安放。現在世界各地的博物館裡精心存放著幾百年前和幾千年前的度量衡工具，就是為了讓我們能從更直觀的角度來理解歷史，來安放我們的文化鄉愁。

可以預見的是，未來肯定會有人滿世界尋找今天還在使用的電子秤和鐳射尺，當成寶貝一樣珍藏起來。說不定現在已經有人這樣做了。

讓直觀變得抽象，讓傳統不斷消亡，這就是度量衡不斷發展給我們帶來的負面影響。但我們可以阻擋度量衡的進一步發展嗎？

絕對不可以。科技和經濟一樣，只要一開始發展，就不可能刹住車，只會愈來愈快地發展，誰也不能阻擋，誰也沒必要阻擋。

HISTORY系列 046

從奈米到光年：有趣的度量衡簡史

作　者—李開周
主　編—邱憶伶
責任編輯—陳映儒
行銷企畫—陳毓雯
美術設計—黃鳳君

董 事 長—趙政岷
出 版 者—時報文化出版企業股份有限公司
一〇八〇三臺北市和平西路三段二四〇號三樓
發行專線—(〇二)二三〇六—六八四二
讀者服務專線—〇八〇〇—二三一—七〇五
(〇二)二三〇四—七一〇三
讀者服務傳真—(〇二)二三〇四—六八五八
郵撥—一九三四四七二四時報文化出版公司
信箱—一〇八九九臺北華江橋郵局第九九信箱
時報悅讀網—http://www.readingtimes.com.tw
電子郵件信箱—newstudy@readingtimes.com.tw
時報出版愛讀者粉絲團—https://www.facebook.com/readingtimes.2
法律顧問—理律法律事務所　陳長文律師、李念祖律師
印　刷—詠豐印刷有限公司
初版一刷—二〇二〇年二月十四日
定價—新臺幣三八〇元
（缺頁或破損的書，請寄回更換）

時報文化出版公司成立於一九七五年，
並於一九九九年股票上櫃公開發行，於二〇〇八年脫離中時集團非屬旺中，
以「尊重智慧與創意的文化事業」為信念。

從奈米到光年：有趣的度量衡簡史 / 李開周著.
-- 初版. -- 臺北市 : 時報文化, 2020.02
面；　公分. -- (HISTORY系列 ; 46)
ISBN 978-957-13-8089-6(平裝)

1.度量衡　2.中國

331.8092　　109000778

ISBN 978-957-13-8089-6
Printed in Taiwan